阿波罗绢蝶

小斑草眼蝶

钩粉蝶

荨麻蛱蝶

红灰蝶

暗脉菜粉蝶

黄缘蛱蝶

绿豹蛱蝶

橙尖襟粉蝶

伊眼灰蝶

优红蛱蝶

山楂绢粉蝶

小红蛱蝶

白钩蛱蝶

孔雀蛱蝶

金凤蝶

U0234496

图书在版编目（CIP）数据

我的蝴蝶书 /（瑞典）斯特凡·卡斯塔著 ；（瑞典）艾玛·廷奈特绘 ；沈赟璐译 . -- 北京 : 北京理工大学出版社，2020.3

（我的博物学入门书）

书名原文：MIN　FJARILSBOK

ISBN 978-7-5682-7677-1

Ⅰ . ①我… Ⅱ . ①斯… ②艾… ③沈… Ⅲ . ①蝶 - 青少年读物 Ⅳ . ① Q964-49

中国版本图书馆 CIP 数据核字 (2019) 第 228946 号

北京市版权局著作权合同登记号　图字 01-2019-5791 号

MIN FJÄRILSBOK

© Text: Stefan Casta, 2014

© Illustrations: Emma Tinnert, 2014

© Bokförlaget Opal AB, 2014

出版发行 / 北京理工大学出版社有限责任公司

社　　址 / 北京市海淀区中关村南大街 5 号

邮　　编 / 100081

电　　话 / (010)68914775（总编室）
　　　　　　(010)82562903（教材售后服务热线）
　　　　　　(010)68948351（其他图书服务热线）

网　　址 / http://www.bitpress.com.cn

经　　销 / 全国各地新华书店

印　　刷 / 雅迪云印（天津）科技有限公司

开　　本 / 787 毫米 ×1092 毫米　1/12

印　　张 / 5⅔

字　　数 / 50 千字

版　　次 / 2020 年 3 月第 1 版　2020 年 3 月第 1 次印刷

定　　价 / 68.00 元

责任编辑 / 陈　玉

文案编辑 / 陈　玉

责任校对 / 周瑞红

责任印制 / 王美丽

图书出现印装质量问题，请拨打售后服务热线，本社负责调换

[瑞典]斯特凡·卡斯塔 / 著 [瑞典]艾玛·廷奈特 / 绘　沈赟璐 / 译

Min fjärilsbok

我的博物学入门书

我的蝴蝶书

北京理工大学出版社
BEIJING INSTITUTE OF TECHNOLOGY PRESS

感谢！

非常感谢汉斯·卡尔松、劳什·佩特松、冉浩等几位科普专家对本书的文字和图片进行的审读，

没有他们，这本书不可能成形。

目录

 # 加入蝴蝶的冒险旅程吧！

如果这世界本没有蝴蝶，那么应该没有人能够想象出它们。它们美好得让人很难相信这些是真实存在的生物。它们自由自在地飞翔着，如此轻盈和独立，仿佛完全沉醉在自己的世界中。

当看见它们在花团锦簇的夏日草地上飞舞时，我们才明白，原来地球仍旧是一座天堂。在某种程度上，蝴蝶就是证明。它们已经在这里生活了大约两亿年，比人类存在的时间长了好多倍！

早晨的时候蝴蝶有些懒洋洋的，如同我们一样。直到上午11点，大部分蝴蝶才会起身出门。它们钟爱的天气也与我们类似：阳光明媚、风和日丽。如果遇上下雨天，我们就不想出门了，而它们也会待在家里。

在空闲的日子里观赏蝴蝶是最完美的。夏日观蝶更平添了一丝冒险的兴奋感。七月的大自然变得平静许多，歌唱的鸟儿们安静了，动物们的幼崽也即将"长大成人"。

但蝴蝶们却满世界翩翩起舞。盛夏是属于它们的季节。不仅如此，不同时节能够看见不同的蝴蝶品种①。春季和初夏有自己的专属蝴蝶，夏末和秋季则会提供另一番全新的视觉体验。

在北欧共有 3000 个不同的蝴蝶品种。但绝大多数都是夜间出现的蛾子，只有 140 种是在白天出没的蝴蝶。本书将介绍其中的一些蝴蝶。

伊眼灰蝶

---
① 请查看名词解释。

弄一张捕蝶网

关于蝴蝶，有一点挺好的，那就是它们很容易辨认。即使是非常相近的物种，也可以看出区别来——只需要瞄一眼翅膀的腹面就行了。那上面的花纹常常能帮上你的大忙。

因此，最好能有一张捕蝶网。当你捕到一只蝴蝶，就可以轻松地看到翅膀和腹面的图案细节。你也可以小心地将蝴蝶释放到小型的塑料盒或是玻璃罐里。这样你就能好好地研究它们，给它们照相了。之后你可以打开盒子放走蝴蝶，让它重返自由的世界。

自己动手做

其实做一张捕蝶网并不难。只不过步骤有些烦琐，得花点儿时间罢了。

你需要准备的是：

❶ 一根棍子，可以是竹子做的，分量要轻，但是得结实，大约 150 厘米长；❷ 一块细网眼的布，可以是薄纱材质，大约 70 厘米 ×100 厘米大小；❸ 相对较硬的铁丝，绕成环状，大约 1 米长（用衣架的铁丝也可以）；❹ 一张床单，或是其他比较厚实的布料，大约 12 厘米 ×100 厘米大小；❺ 一个软管卡箍；❻ 绝缘胶带。

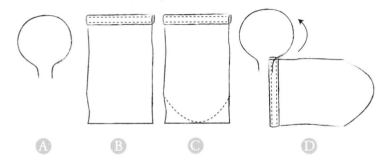

当然了，你也可以直接买一张捕蝶网。有超级便宜的，也有相对较贵的，贵的质量显然要好一些。重要的是，捕蝶网的开口要大，不然很难捕到东西。然后网兜要深一些，这样才不会伤害到蝴蝶。

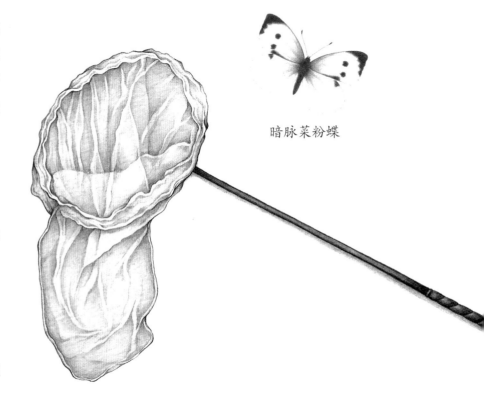

暗脉菜粉蝶

Ⓐ 将铁丝绕成一个大环。

Ⓑ 将床单布牢牢缝在网眼布的边缘，在床单布和网眼布中间留出通道。

Ⓒ 将网眼布缝制在一起，形成长长的倒圆锥体，底部成圆角。有通道的一边作为顶部，呈开口状。

Ⓓ 将铁丝环穿过网兜顶部的通道里，用软管卡箍固定住竹棍。在卡箍上贴少许绝缘胶带。搞定！

蝴蝶和蛾子是这么生活的

触角

这就是区分蝴蝶和蛾子的方法

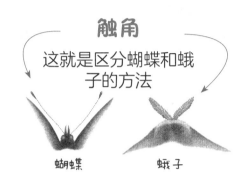

蝴蝶　　蛾子

蝴蝶的触角在最外端始终有个"小锤子"。而蛾子的触角则要大许多，形状常常像灌木或是羽毛。因为对蛾子而言，气味更加重要。它们飞行的时候周围可是一片漆黑啊！

天敌

蜻蜓、鸟和蜘蛛

前翅

后翅

花朵里会藏有狡猾的蟹蛛。它们不会结蜘蛛网，而是扑向蝴蝶，抓住它们。蜻蜓则是一群身手敏捷的捕猎者，它们会直接在空中逮住蝴蝶，然后一口吞了它们，遇到不能吃的就吐出来。所以，有时候能看见蝴蝶腿从天而降。被鸟吃掉的蝴蝶也不少，蝴蝶的翅膀上常常可以看见一大块被鸟啄过的缺口。

眼睛

具有数码相机的功能

蝴蝶和蛾子的眼睛都是一种被称作复眼的东西，由许许多多的小眼组成。小眼擅长专门捕捉不同的色彩和光线。它们的工作原理和数码相机的像素差不多。这些小眼共同为它们提供周边环境的完整画面。它们能比我们看到更多的色调，而且还能同时朝各个方向看，但画面却并不像我们看到的一样清晰。许多蝶、蛾对笼罩在身上的阴影特别敏感。如果你想靠近它们，请注意这一点。

鼻子

触角是蝴蝶和蛾子的"鼻子"

每根触角上都安装了成千上万个特别小的气味接收器。这些接收器可以识别大自然的各种气味。

例如，它们能分辨和自己同类的性别，能够闻出蕴含许多花蜜①的花香味。当然还有寄主植物的气味，那是它们赖以生存的花朵——即便没有开花，还只是泥土里的小种子。

---

① 请查看名词解释。

10

虹吸式口器
用吸喙吮吸

蝶、蛾有着昆虫界最长的吸喙。吸喙是从咀嚼发展到吮吸功能的下颚部。它们可以凭借吸喙，吮吸到花朵深处的花蜜。享用完美味后，吸喙再慢慢拉上。不使用的时候，吸喙会卷曲在眼睛下方。

耳朵
用毛发聆听

虽然蝶、蛾没有耳朵，但仍有一部分蝶、蛾能听到高分贝的音量，例如人类踩到棍子后将其折断的声音。蝶、蛾主要依靠触角和身体上的敏感毛发来感知空气中的声波。

翅膀
瓦片状图案

蝴蝶和蛾子的翅膀由一层薄膜羽化，也称膜翅，靠细细的翅脉固定住。蝶、蛾刚刚孵化的时候，会排出翅脉中的水分，让翅膀舒展开。翅膀上面覆盖着鳞片。

蝴蝶就是滑翔机

蝴蝶靠太阳能驱动。在升空前，它要先沐浴阳光。在阳光下，蝴蝶的体温一般要比在室外高15℃。这时候身体中段的肌肉开始加速振翼。和嗡嗡叫的小熊蜂和小蜜蜂相比，蝴蝶更像一架滑翔机，飞翔的时候几乎没有任何声音。大部分蝴蝶只在阳光下飞行。如果天气比较糟糕，它们就得寻找庇护所。

附：

对了，关于蝶、蛾有件事需要了解。当蝴蝶和蛾子在饮取花朵的花蜜时，它身上常常带着同类花朵的花粉[1]。花粉一般待在蝶、蛾吸喙的周围，当它最终掉落在另一朵花的雌蕊[2]上时，我们称其为花朵授粉[3]。只有涉及会演变成草莓、黄瓜或是苹果等的花朵时，才会使用这一术语。这是自然界最重要的使命之一，由蜜蜂、小熊蜂、蝇、蚊子和甲虫共同完成。当然，还有蝴蝶。人类获取的食物中，有三分之一都要感谢昆虫们的付出哟！

①②③ 请查看名词解释。

11

钩粉蝶

钩粉蝶是代表春天的明确信号。在一个阳光明媚的日子里，第一批金灿灿的雄蝶将在清爽干燥的草坪上摆动翅膀，让人们知道冬天正在渐渐远去。就像是在十字路口等待信号灯一般，一开始会跳成黄色，随后整片大地披上绿色的光芒！

雄蝶的黄完全像是黄油。英语里蝴蝶叫作 butterfly，即"黄油飞虫"的意思，据说就是雄性钩粉蝶的颜色赋予了它们这样的名字。

雄蝶在最开始的阶段只会搜寻和它们自身一样黄的花朵。这个颜色包含了春天里最重要的花朵：款冬、黄花柳、蒲公英、报春花。雄蝶在交配前需要饮用大量花蜜。

直到接近五月的时候，雌蝶才会苏醒。它们的颜色比雄蝶淡一些，几乎呈白色或白绿色，比起黄油，它们看上去更像是奶油，就像黄油先生身旁的奶油夫人。

这时候会发生神奇的事情。雄蝶突然开始只跟在白色的东西身后飞行。如果你在灌木丛上铺几张白纸片，我都敢向你保证，它们会飞到那上面去！

它们当然是为了追随雌蝶才这么做的。当蝴蝶们交配时，雌蝶会在一种叫作欧鼠李的灌木丛上产卵，这种灌木确实不太知名，但它们在自然界超级常见，可惜只有钩粉蝶才会注意它们。

雄蝶正在享用春天的第一场户外盛宴——盛开的黄花柳花蜜。

欧鼠李——带火药粉末的灌木丛

如果你是钩粉蝶，全世界最重要的植物便是欧鼠李——一个相当奇怪的名字。它之所以叫这个名字，是因为人们过去用它的木头做火药粉末。打猎的时候，火药塞在弹药盒（子弹）里使用。欧鼠李是一种森林里无处不在的灌木，尤其是在气候湿润的地方。欧鼠李是钩粉蝶幼虫的育婴室。

所以它第一个出场

我们在春天里看到的，是以成虫形态越冬的蝴蝶种类。在初夏时节四处飞舞的则是以成蛹形态越冬的蝴蝶种类。赶上夏日末班车，最后出现在我们眼前的，是那些以成卵形态越冬的蝴蝶种类，因为它们发育的时间最长。

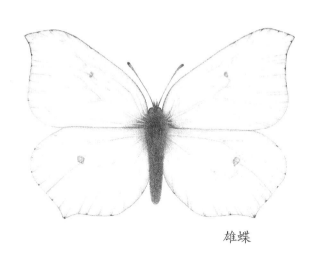

雄蝶

挂在草上

钩粉蝶经常在枯萎的草丛里或是蓝莓和越橘丛上挂着，位置高低不一。有时候它们会待在茂密的杉树或是灌木丛的树干底下。

竟能忍受 -22℃的低温

蝴蝶最多可以忍受-22℃的气温，并且活下去。它们身体的水分中有一种特别的混合成分（含有许多糖分），防止它们冻成冰棍儿。如果气温低于-22℃，蝴蝶就要依赖覆盖的积雪来保护它们。积雪下的温度始终是0℃。

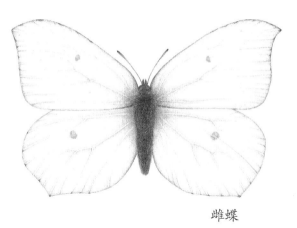

雌蝶

画龙点睛的斑点

在进食或者休憩的时候，钩粉蝶始终将翅膀合拢起来。要靠近它们通常不难。当你看见它们栖息在树叶上时，你就明白它们翅膀上小小的红棕色斑点有着多么奇妙的功能了。大多数树叶都有这样的斑点，钩粉蝶几乎能够隐形地藏匿于这些树叶中。

幼虫是和欧鼠李完全同样的绿色。

首蓿上的钩粉蝶。

钩粉蝶的一年

白色 = 卵

黄色 = 幼虫

橙色 = 蛹

红色 = 成虫

①②③请查看名词解释。

拉丁学名：*Gonepteryx rhamni*。其中 G 代表翅膀的形状，r 代表其寄主植物①欧鼠李在过去分类系统里的属名。

英语名：Brimstone Butterfly

翅展：55~60 毫米。

特征：雄蝶黄如柠檬，雌蝶呈白绿色，两者在前翅和后翅上都有泛红的斑点。

分布地域：北至瑞典的诺尔兰省南部地区，中国东北、河北、浙江、四川、北京等地。

生长环境：几乎"无处不在"，但最常见于寄主植物周围，喜爱开阔且略微潮湿的森林。

幼虫的寄主植物：欧鼠李。也可以生活在另一种叫作鼠李的灌木上。

最爱的花朵：春季：款冬、黄花柳、蒲公英、报春花。夏季：蓟、三叶草、矢车菊。

花园中的它：经常来访，并吮吸各种栽种植物的花蜜。

卵和幼虫：雌蝶最多可以产下 500 个虫卵，一个接一个，置于灌木的嫩芽和叶片上。一周后虫卵孵化成幼虫，颜色和它们居住的树叶完全一样。经过一个月左右的时间化成蛹。成蛹两周后，新生蝴蝶就会爬出蛹②。

趣味小知识

钩粉蝶是所有蝴蝶中寿命最长的，几乎能活一整年。在经过七月到八月的孵化后，蝴蝶们开始准备越冬，并在次年的春季被太阳唤醒。寿命最长的蝴蝶，直至越冬③后的七月和八月，也能拖着陈腐的翅膀飞翔。其他蝴蝶的正常寿命只有几周。

荨麻蛱蝶

荨麻蛱蝶是能让我们靠得最近的蝴蝶。更准确地说，是它主动来找寻我们的。它的生存依赖于人类，并且只存在于我们周围。

对它而言，最具吸引力的要数荨麻。这种草本植物通常生长在房屋和花园周围，数量众多，但在野外的自然界里却一点儿也不常见。

荨麻会在早春时节开始生长，差不多和荨麻蛱蝶苏醒的时间同步。当荨麻长至几厘米高时，我们常将其采摘用于制作荨麻汤。雌荨麻蛱蝶产卵也恰恰就在这个时候。它们寻觅的是光照充分，并立于背风处的荨麻叶。大块大块的虫卵被放置在叶片的背面。

当孵化出幼虫后，它们会直接享用荨麻叶，不浪费一丝一毫。幼虫即将成蛹时会悬挂于房屋墙壁和窗户下方。如果抓到这样的蛹，或许能有幸见到成蝶爬出蛹的模样。

仲夏时分，最早一批蛹羽化成蝶，飞行期只有寥寥几个月，之后便需要找寻越冬地点。这意味着，有时候它们在夏末前就会"上床睡觉"了。

荨麻蛱蝶喜爱木棚、车库、户外、谷仓、地窖、洞穴和矿山等场所。它们无法在有暖气的屋子里过冬，那样蝴蝶会被烤干并死去。它们大多喜欢合拢翅膀待在屋顶上。如遇气候较暖的冬眠期，它们便会苏醒，开始在房屋四周飞舞。处在寒冷的环境中，它们又将继续休眠[1]。

薄荷上的
荨麻蛱蝶。

---

① 请查看名词解释。

15

冬天里的荨麻蛱蝶更强壮

蝴蝶如此脆弱的生物竟然能存活过漫长的冬天，在春天来临后还能继续飞行！过冬的蝴蝶需要承担很大的风险。只有最强壮且能独立生活的蝴蝶才能渡过这个难关，这些才是优秀的蝴蝶。大自然通过这种方式，确保即将在夏季羽化成蝶的新生宝宝们拥有最棒的爸爸妈妈。

掉色

我们在春天看见的荨麻蝴蝶颜色稍浅一些。经过漫长的冬眠后，它们的颜色会变淡。

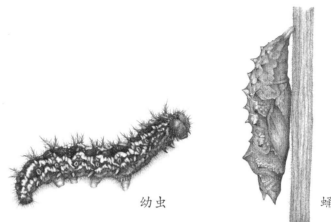

幼虫　　　　　　　蛹

这儿有更多的"荨麻蛱蝶"

世界上不只是荨麻蛱蝶依赖荨麻为生，甚至优红蛱蝶、孔雀蛱蝶、白钩蛱蝶和欧洲地图蝶都会在荨麻上产卵。如果把幼虫生活在荨麻上的蝴蝶都看成荨麻蛱蝶，那么此类蝴蝶大约有 70 种。

血雨

当荨麻蛱蝶从蛹中爬出来时，会流下一滴红色的水。这其实是幼虫在成蛹时残留的"粪便"。待在蛹里的这段时间，它没法摆脱这些东西。过去，当成千上万的蝴蝶爬出蛹时，人们以为这些滴下的红色水珠象征着可怕的事情即将发生，因此常说夜里下了一场"血雨"。

红车轴草上的荨麻蛱蝶

16

拉丁学名：*Aglais urticae*。其中 Aglais 在希腊语里表示漂亮的意思，同时也是众神之王宙斯其中一位女儿的名字。urticae 代表拉丁语里荨麻在分类系统中的属[①]名。

英语名：Small Tortoiseshell

翅展：40~52 毫米。

特征：前翅呈橘红色，带有大块的黑色和黄色斑点。边缘处有蓝色的小斑点。后翅的暗色片块一直延伸至身体，并以此与其他相近物种区分开来。

分布地域：分布于瑞典全境，日本，朝鲜，中国北京、东北、甘肃、青海、新疆等地。

生长环境：常出没于花园及花团锦簇之地。春季常见于林区道路及森林边缘。

幼虫的寄主植物：荨麻。

最爱的花朵：是个不折不扣的杂食动物。花的种类越多，就能看见越多的荨麻蛱蝶。春季时它们偶尔会饮用桦树树桩的树液[②]。

花园中的它：会拜访许多不同的花朵，但喜欢球花醉鱼草和类似墨角兰等草本植物的并不多见。

卵和幼虫：一周左右后卵孵化成幼虫，再经过 2~3 周成蛹。从七月底至八月初，蛹羽化成蝴蝶。

趣味小知识

越靠北部生活的荨麻蛱蝶，其颜色越暗。如果在成蛹阶段气温较寒冷，此时羽化的蝴蝶的颜色会较深一些。由于深色能吸收热量，这会帮助它们在微凉的气候里更好地生存下去。

荨麻蛱蝶似乎变得越来越常见了。这是因为它其实是一种媒介生物，换句话说，它能从人类、荨麻身上受益，并在我们周围不断传播。荨麻蛱蝶的雄蝶和雌蝶长得差不多。

荨麻蛱蝶的一年

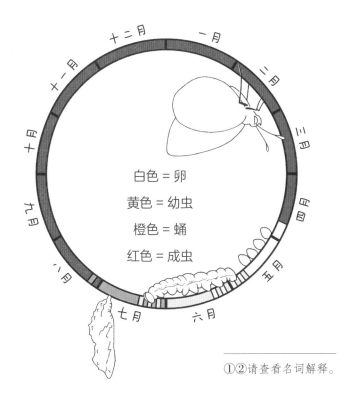

白色 = 卵

黄色 = 幼虫

橙色 = 蛹

红色 = 成虫

①②请查看名词解释。

孔雀蛱蝶

孔雀蛱蝶对于新手来说是最完美的一款蝴蝶。你绝对不会把它和其他蝴蝶搞混。翅膀上独特的花纹是它的最佳防护。如果感觉自己受到了威胁，它会撑开翅膀，露出上面那四只虎视眈眈的眼睛。那意思就是：我看见你了！快闪开！

翅膀的腹面则有天壤之别。在停下来休息的时候，合拢翅膀的它们好像突然变成了另一种蝴蝶。翅膀的腹面接近黑色的煤烟色，这是对蝴蝶的一种保护，让它在大自然里"隐形"。

冬天的时候，翅膀花纹能派上很大用处。那会儿，许多孔雀蛱蝶待在阁楼、地窖或是车库里。它们最害怕的就是被老鼠发现了。如果有老鼠出没，孔雀蛱蝶就会伸展出僵硬的冬季翅膀，露出上面的眼睛，看上去和侏儒猫头鹰长得很像——那可是老鼠们最讨厌的敌人之一！

孔雀蛱蝶是出现在早春时节的蝴蝶家族中的一员，三月底便能看见它们吮吸款冬和盛开的黄花柳的花蜜。最早的钩粉蝶和孔雀蛱蝶是同时出现的。运气好的话，很快就能一睹黄缘蛱蝶和白钩蛱蝶的芳容了。

春天是搜寻蝴蝶的好时节。那时候出现的品种并不算多，我们有足够的时间来分辨眼前见到的这些蝴蝶。

孔雀蛱蝶在过去有另外一个好听的名字：处女蝶。看，它正待在一朵小雏菊上呢！

在苜蓿上

变幻莫测的小家伙

有些年几乎随处可见孔雀蛱蝶的身影，但其他年份却很少见到它们了。我们知道，孔雀蛱蝶不喜欢阴冷潮湿的夏天。在 1987 年的夏日雨季过后，部分地区的孔雀蛱蝶整整消失了两年！

荨麻上的幼虫和蛹

翅膀上长着"下水管"

过冬的蝴蝶身上都藏有智慧的细节来扛过寒冷的冬天。孔雀蛱蝶的翅膀边缘上有小小的凹槽，冬天积蓄在蝴蝶身上的水分可以从那里流出去。如果积蓄的水冻成冰，那翅膀可就毁了。

眼睛

如果凑近点儿看，孔雀蛱蝶翅膀上的眼睛长得像是一张愤怒的脸。没错，看上去几乎就是骷髅头。我有些好奇，鸟和老鼠会不会被它吓坏！

对付蝴蝶以智取胜

如果你把蝴蝶吓跑了，那你可以在原地停留一会儿。有很大的概率这只蝴蝶还会返回原来的地方。如果它没有回来，那很有可能会飞来第二只相同种类的蝴蝶。

经历了漫长的冬季后，春天的孔雀蛱蝶看着有些衰败，颜色有些苍白。

款冬

拉丁学名： *Inachis io*。伊娥女神是伊纳科斯的女儿，也是希腊神话中的河流之神。

英语名： Peacock

翅展： 54~59 毫米。

特征： 翅膀上长着眼睛的花纹。飞舞的时候呈黑色。

分布地域： 瑞典常见蝴蝶之一，中国北京、河北、青海、陕西等省市均有分布。

生长环境： 非常适应生活在人类周围，常见于花园和农庄、田地，及乡村的草坪周围。

幼虫的寄主植物： 荨麻。

最爱的花朵： 春季：款冬、黄花柳。夏季：山萝卜、大麻叶泽兰和蓟。

花园中的它： 常常造访球花醉鱼草、金盏花、薰衣草和紫松果菊。

卵和幼虫： 雌蝶成群地在荨麻叶的背面产卵——最多产 500 个卵，一周后孵化成幼虫。幼虫呈黑色，带银色斑点，在 3~4 周后化成蛹，并悬挂在荨麻上。直到七月底才羽化成蝴蝶。八月的时候空气里遍布着美丽的孔雀蛱蝶！

能够识别的人数最多的蝴蝶之一！
雄蝶和雌蝶长得非常相像。

趣味小知识

孔雀蛱蝶受到威胁时，有时候会发出"哒哒"的声音。研究孔雀蛱蝶的工作人员注意到，它们会在 13 点到 14 点之间进行交配。那会儿正是一天中最暖和的时候。

孔雀蛱蝶的一年

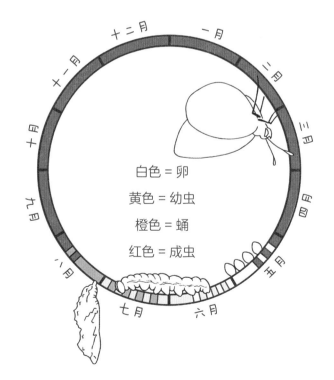

白色 = 卵

黄色 = 幼虫

橙色 = 蛹

红色 = 成虫

20

黄缘蛱蝶

过去，人们认为黄缘蛱蝶的到来传达了一种死亡的讯息。如果有人在春天里见到的第一只蝴蝶是它，那他的某位亲戚就会不幸离世。假如遇见的第一只蝴蝶是钩粉蝶，这一年都将过得幸福美满。

人们之所以会这么想，是把它的外表与死亡联系在了一起。它深色"斗篷"周围的一圈浅色带会让人想起过去办丧事时穿的孝服。

黄缘蛱蝶仿佛是大自然的灵魂。它不知从何处冒出来，突然就飞舞在桦树丛中。

这类蝴蝶的另一个神秘之处在于，它的出现总是不固定的。大多数情况下，人们从未见过数量超过一只的黄缘蛱蝶一起出现。有些年份除外，那几年是实实在在属于黄缘蛱蝶的年份，你会看见成群结队的黄缘蛱蝶，它们会停在人们的头发上歇息。

但在平常的日子里，黄缘蛱蝶喜欢躲在森林里。它们依赖于像桦树和款冬这样的树木生存，并将自己的卵产在较纤细的枝条上。

黄缘蛱蝶是体形最大的蝴蝶之一，速度如鸟般敏捷，飞行的姿态稳健优雅，时而扇动有力的翅膀，时而温柔地振翼而舞。

如今人们看到黄缘蛱蝶，鲜少有人会联想到死亡。恰恰相反，当遇见黄缘蛱蝶时，人们会发自内心地高兴。它给人一种近乎隆重的感觉，也难怪，它或许是所有蝴蝶中最好看的那一位吧。

比起鲜花，黄缘蛱蝶更爱吮吸水果的汁水。瞧，这小家伙儿找到了熟透的花楸浆果。

春天里的一抹洁白

翅膀上的浅色带在一年四季中呈现出不同的颜色。夏末的时候, 当这一年的新蛹羽化成蝶时, 浅色带是明黄色的。到了春天, 色带开始泛白, 因为经过冬眠[①], 色带慢慢褪色了。

冬日蛱蝶

黄缘蛱蝶属于蛱蝶科[①], 且属于一种名字特别好听的亚科——冬日蛱蝶。之所以这么叫, 是因为这个种类的蝴蝶在越冬后就能成蝶。属于这个亚科的蝴蝶还包括孔雀蛱蝶、荨麻蛱蝶和优红蛱蝶。

属于黄缘蛱蝶的年份

几乎每十年就会出现一个属于黄缘蛱蝶的年份。1990年, 在挪威的诺尔兰地区出现了成千上万数不胜数的黄缘蛱蝶。1972 年, 黄缘蛱蝶大量出现在瑞典的马尔默市区。它们甚至会降落在户外餐厅的食物上。人们认为, 黄缘蛱蝶"狂潮"是从东方迁徙而来。

这样它们就能保暖啦!

春天里最早出来活动的蝴蝶们对于防冻防寒都有着自己的妙招。它们会将身体紧贴深色的物体, 利用它吸取的太阳热量给自己取暖。除此之外, 它们的身体上还有密密麻麻的毛发, 功能就类似于我们穿的发热内衣。

---

① 请查看名词解释。

当黄缘蛱蝶收拢翅膀时, 所有的优雅和美丽都不见了。它的模样变得单调乏味, 颜色呈深棕色。真是完美的保护色!

雄蝶和雌蝶外表相似。

黄缘蛱蝶的一年

十二月 一月 十一月 二月 十月 三月 九月 四月 八月 五月 七月 六月

白色 = 卵

黄色 = 幼虫

橙色 = 蛹

红色 = 成虫

拉丁学名： *Nymphalis antiopa*。其中 Nymphalis 代表仙女的意思，nymp 在希腊神话中是女性的自然神灵。antiopa 则是一位希腊国王的女儿，她怀有万神之神宙斯的孩子。

英语名： Camberwell Beauty

翅展： 61~76 毫米。

特征： 正面呈巧克力棕或暗酒红色，翅缘为白色或浅黄色带。在翅缘内侧有一条蓝色斑点组成的色带，十分美丽。黄缘蛱蝶给人留下一种天鹅绒般的印象。

分布地域： 遍布瑞典全境，中国北京、黑龙江、新疆、陕西等地，朝鲜，日本和欧洲西部。

生长环境： 是一种热爱森林的蝴蝶，适应阳光明媚的开阔森林以及森林的边缘地带。经常能在砂石路上看见它的身影，海岸沿线也时有出没。

幼虫的寄主植物： 诸如桦树和黄华柳等树木，但有时候也会选择山杨树和柳树。

最爱的花朵： 四月的时候常见于开花的黄华柳，爱喝树液。

花园中的它： 喜欢腐烂和发酵的水果，李子是它的最爱。

卵和幼虫： 常常在纤细的树枝上产下几百个黄红色的卵。幼虫呈黑色，带红色斑点和尖刺。靠树叶生存，之后在地上成蛹。

趣味小知识

人们通常一次只会看见一只黄缘蛱蝶，但秋季时，它们偶尔会在锯倒的桦树上集合。那会儿我们能看见许多只黄缘蛱蝶在一起。它们喜欢在空心树、木桩或是连根拔起的树上越冬。

白钩蛱蝶

没有其他任何一种蝴蝶拥有这般特别的翅膀，个中缘由在它停歇休息时就能找到答案。当它合拢翅膀的时候，看起来就像是腐烂的树叶或是一块树皮！

艳绝群芳的翅膀也使它成为一件飞行的艺术品，后翅的腹面有个最奇怪的东西：字母。白钩蛱蝶属于字母蝴蝶的一种，翅膀腹面上有一个闪闪发光的白色字母 C，看上去几乎就是常常印在艺术品和摄影作品背面的版权标志 ©。

这个字母也同样出现在蝴蝶的名字里。在拉丁语中，它叫作 c-album，意思是"白色的 C"。过去，它在瑞典语里被叫作 C 蝴蝶。英国的研究者则认为，这个白色的字母更像是一个逗号，因此在英国，它被叫作"逗号蝴蝶"。北美地区有它的亲戚，名叫"问号蝴蝶"，因为它的翅膀腹面上有一个问号！

白钩蛱蝶相当常见，它经常出没在花园里，或许幼虫就在黑加仑灌木丛里！但如果你不知道哪儿有白钩蛱蝶，很大概率会错过与它的见面。通常你刚瞥见它的踪影，它便迅速飞离你的视线。

许多人大概会觉得，这只是一只普通的荨麻蛱蝶。

这种蝴蝶尤其钟爱香料植物！这只白钩蛱蝶正在吮吸墨角兰的花蜜，墨角兰还有"比萨香料"的美誉哟。

黑加仑狐狸

过去它在瑞典语里被叫作黑加仑蝴蝶。黑加仑狐狸（vinbärsfuks，白钩蛱蝶的瑞典语名）这个名字有些特别。在德语里，fuks 表示狐狸的意思，它也因此得名。称其为狐狸主要是指它翅膀上的红狐颜色。

交配时间

蝴蝶的交配每年都在固定的季节。有些蝴蝶在春季交配，另外一些则直到夏天才开始。它们不会在一天的任意时间进行交配，每种蝴蝶都有特定的时间段。

13 点 ~15 点：白钩蛱蝶、孔雀蛱蝶、荨麻蛱蝶和黄缘蛱蝶。

16 点：优红蛱蝶。

18 点：小红蛱蝶。

幼虫

黄华柳——白钩蛱蝶的天堂

如果想在春天体验一些奇妙的东西，那你应该寻找一棵繁花盛开的黄华柳树。这类树几乎无处不在。你可以在灌木丛中看见白钩蛱蝶和黄缘蛱蝶，以及其他大部分越冬蝴蝶，还有大量的小熊蜂、蜜蜂和苍蝇。那场景听起来就像是灌木组织的大合唱，各种各样的昆虫发出"嗡嗡"的叫声。

黄华柳

春季，它常常栖息在地上枯萎的树叶上，或是停在树干和树桩上。
注意翅膀腹面的字母 C！

它让人想起了荨麻蛱蝶，但它缺少中间的深色部分。这是一只长着锯齿状翅膀的雄蝶。

白钩蛱蝶的一年

白色 = 卵

黄色 = 幼虫

橙色 = 蛹

红色 = 成虫

十二月 一月 十一月 二月 十月 三月 九月 四月 八月 五月 七月 六月

拉丁学名：*Polygonia c-album*。其中 Polygonia 代表深缘的意思，c-album 则表示"白色的 C"，指翅膀腹面的字母形图案。

英语名：Comma Butterfly

翅展：40~50 毫米。

特征：容易让人想到荨麻蛱蝶，但飞行时，它的红棕色调显得更单一。翅缘有亮色的斑点，翅缘的线条如美丽的锯齿，甚至有些残破。翅膀腹面有个闪亮的白色"C"。雌蝶个头更大一些，锯齿更少、更钝。夏季飞行的白钩蛱蝶颜色更浅。

分布地域：瑞典南部及中国大部分地区。

生长环境：森林、林间空地、公园和老花园。

幼虫的寄主植物：诸如黄华柳、榛树、黑加仑及醋栗的灌木丛，但有的也会选择如啤酒花、刺荨麻，以及榆树类树木等草本植物。

最爱的花朵：春季偏爱黄华柳，夏季则是蓟。爱喝树木的树液。

花园中的它：会光顾许多不同的植物，例如醉鱼草（灌木）和墨角兰（牛至）。

卵和幼虫：浅绿色闪银光的卵一个接一个地产在灌木或是草本植物上。幼虫因背脊半透明、呈白色，可轻易认出。七月或八月化蛹。

趣味小知识

白钩蛱蝶越冬后破蛹成蝶的过程发生在靠近地面的缝隙和角落里。近几年来，白钩蛱蝶在瑞典越发常见。大家认为应归功于气候变暖。雄蝶喜欢停在几米高的树上，选择有阳光照射的树叶，作为自己的领地。可以用绳索或抹布浸泡在葡萄酒加糖的混合液体里，然后轻松引诱其出现。

这种蝴蝶的名称和自身外形息息相关。它取名自曙光女神欧若拉，因为雄蝶的翅尖上有一抹美丽的日出光晕，当人们偶然间发现这个特点，叫出这一名字后，它便世代相传，永远地保留了下来。

橙尖襟粉蝶只出现在五月至仲夏节期间。这是我们能观察到的不越冬的蝴蝶中的一种，它常常和蒲公英、杏花、峨参，以及杜鹃花依偎在一起。

橙尖襟粉蝶似乎对杜鹃花情有独钟。当春天拂过，初夏将湿润的草地染上白粉色，它便出动了。雌蝶会在花朵的嫩芽上产卵。橙尖襟粉蝶时常在花朵上栖息停留，它休息时，你就能看见它翅膀腹面的白绿色图案了，这可是相当巧妙的保护色。白绿相间的色彩使得它能够与花朵融为一体，像是施了魔法一般。如果凑近点儿看翅膀的腹面，你会发现那仿佛是一张秘密地图，上面画着一片片被人们遗忘的草坪。

橙尖襟粉蝶很轻盈，不会和其他蝴蝶混淆。以上的特征只局限于雄蝶。至于雌蝶，她可没有那抹日出的橙色光辉，模样更像是暗脉菜粉蝶，这两种蝴蝶的飞行时间是相同的。辨别方法和往常一样——通过查看翅膀腹面来确定。不论雄蝶还是雌蝶，橙尖襟粉蝶的翅膀腹面都有白绿色的斑点和色块。

总之，辨别橙尖襟粉蝶的难度并不大。我们见到的通常都是雄蝶，它们在花丛中翩翩起舞，寻找雌蝶的身影。而雌蝶则守在后方，它们更喜欢待在草地上，等待被雄蝶发现。

只有雄蝶的翅尖带有日出的橙色光辉。这只橙尖襟粉蝶正停在它最心爱的杜鹃花上。

27

雌蝶喜欢守在后方，在靠近草地的低处休息。

年历中的欧若拉

在瑞典，欧若拉是一个相当罕见的女孩的名字。她的命名日[①]是7月3日。7月3日实际上有些晚了，因为那会儿所有橙尖襟粉蝶都已经不见了。

神话中的欧若拉

曙光女神每天早晨用她玫瑰色的手指打开天空之门，让载着太阳的马车跑进来。在她身上发生过许多爱情故事，并多以产下子嗣作为结局。不少风神和星星都是欧若拉的孩子。

雌蝶如何寻找正确的花朵呢？

有时候蝴蝶会在寄主植物只有几厘米高的时候就开始产卵。蝴蝶甚至会直接在地上产卵，因为它们知道，地下有颗小小的种子，很快就会生长发芽。当卵在一两个星期后孵化时，植物也发育到刚刚好的尺寸！多亏雌蝶身上敏锐的触角，它可以凭借嗅觉找到种子，在不久的将来那便是幼虫的美餐。

[①]请查看名词解释。

拉丁学名：*Antchocharis cardamines*。其中 Antcho-charis 代表像花儿一样美丽或是用花朵图案来伪装自己的意思，cardamines 则表示寄主植物杜鹃花的拉丁语名字。

英语名：Orange tip

翅展：31~50 毫米。

特征：雄蝶有橙色翅尖，腹面有绿色斑点。

分布地域：在瑞典的大部分地区，中国四川康定、青海、西藏等地。

生长环境：适应开阔的地形和周围有树丛的地方。通常栖息在湿润的草坪、河流及湖泊沿岸，以及落叶林的空地上，也会出现在花园中。

幼虫的寄主植物：最主要的是杜鹃花，但也包括其他十字花科的植物，例如葱芥和败酱草。

最爱的花朵：常常停留在峨参上，也光顾蒲公英及其他黄色的初夏花卉。

花园中的它：会光顾许多不同的植物。

卵和幼虫：会在花芽上一个接一个地产下泛红色的虫卵，之后花芽会被幼虫当作食物。幼虫呈绿色，完美地复制了花朵的花茎！蛹常悬挂于干燥的植物上。

雄蝶因其靓丽的翅尖很容易被认出。雌蝶没有橙色的光辉，容易与暗脉菜粉蝶混淆。

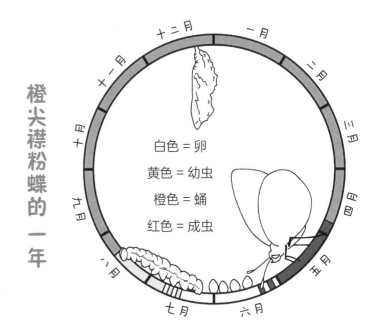

橙尖襟粉蝶的一年

白色 = 卵

黄色 = 幼虫

橙色 = 蛹

红色 = 成虫

趣味小知识

橙尖襟粉蝶过去被称作杜鹃花蝴蝶，越冬后成蛹。当年五月，雄蝶率先羽化成蝶，约过 10 天，雌蝶也随之出现。它们的飞行寿命只到仲夏节前后，之后就再没有任何橙尖襟粉蝶了。

金凤蝶

金凤蝶钟爱丁香花的香味，和人类如出一辙。

它的幼虫几乎和成蝶一样美丽。

当丁香花盛开的时候，就可以细心寻找体形最大的一种蝴蝶了。它的体形大到和小型鸟类一样，飞行技艺也几乎同鸟类一般高超。它在飞翔时并不像其他蝴蝶那般振翅，而是真正地"翱翔"。它的身躯移动得相当快，径直朝前一头冲过去，简直就是一只小猎鹰！

人们很少会一次见到数量超过一只的金凤蝶。它属于凤蝶科，有些类似孤独的骑士。在英语中，它叫作燕尾蝶，如果从它背后看去，你会发现，它的后翅确实类似燕子开叉的尾巴。

独来独往的金凤蝶在广袤的土地上留下了它的身影。它可以不费力地飞行整整十千米的距离！当它出门踏上远途时，会选择在高高的树冠丛中飞行，那时候看见它的概率几乎为零。

和许多人一样，它钟爱盛开的丁香花的香气。它光顾最多的要数传统的紫色丁香花，但你也能在白色丁香花上找到它的踪迹。在自然界，捕虫草是它的最爱，不过它也会拜访菊科和川续断科的植物，以及红车轴草。

想要一睹强健的金凤蝶的芳容，有一个小窍门。金凤蝶似乎有个习惯，它们会在小丘和高山上与其他蝴蝶碰面。人们觉得，这种不太常见的蝴蝶是为了寻找配偶才这么做的。雄蝶和雌蝶同时寻觅这片土地的高点，当它们在山上相遇后，便以令人眩晕的飞行姿态你追我赶地慢慢朝天空翱翔，然后进行交配。

真正的夏日蝴蝶

金凤蝶在丹麦语和挪威语中被称为夏鸟。这个名字是不是既动听又很合适呢？据说正是因为金凤蝶飞舞的姿态才获得了这个美名。

迷惑敌人

金凤蝶翅膀的末端是细长的触角，这种形态可以迷惑鸟类，让它们觉得它的身体比实际长一些。在后翅上还有两只凶神恶煞的红眼睛，可以震慑敌人。

欧白芷上的金凤蝶

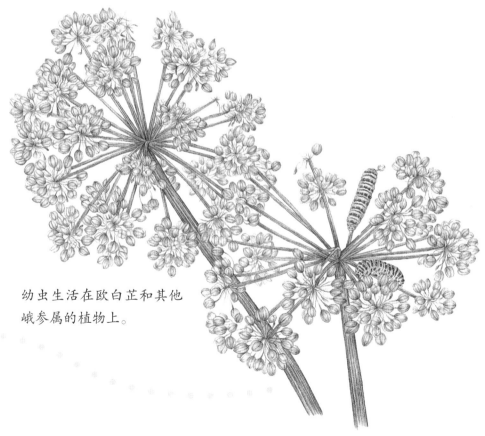

幼虫生活在欧白芷和其他峨参属的植物上。

全世界最大的蝴蝶

在瑞典，除了金凤蝶，其他的凤蝶科蝴蝶只有两种：阿波罗绢蝶和觅梦绢蝶。全世界的凤蝶科蝴蝶约有 600 种，其中最大的亚历山大巨凤蝶，翅展接近 30 厘米！

数量正在减少

金凤蝶的数量在瑞典的部分地区有所减少。人们认为这应归因于鲜花草场正在慢慢消失，取而代之的是成片的森林。丹麦的金凤蝶已经彻底消失了。瑞典金凤蝶最常见于东部地区。

观察这对恫吓鸟类的红色"眼睛"。

金凤蝶的一年

十二月

一月

十一月

二月

十月

三月

白色＝卵

黄色＝幼虫

橙色＝蛹

红色＝成虫

九月

四月

八月

五月

七月

六月

拉丁学名：*Papilio machaon*。其中 Papilio 代表蝴蝶的意思。当卡尔·冯·林奈第一次给蝴蝶想名字的时候，所有的品种都叫科名。machaon 是希腊神话中医术之神的儿子。

英语：Common Swallowtail

翅展：72~90 毫米。

特征：瑞典体形最大也最高贵的蝴蝶之一。除了它，没有其他蝴蝶的翅尾有这样的触角造型。基本不会和其他蝴蝶混淆，但从远处看很像钩粉蝶。雄蝶和雌蝶长得差不多，但雌蝶体形更大一些。

分布地域：瑞典全境及中国大部分地区。

生长环境：湿润的草原或青苔地区，湖边和河流一带，也会出现在干旱的山坡上。

幼虫的寄主植物：川羌活、欧白芷、前胡，及其他峨参属植物。

最爱的花朵：捕虫草、睡菜、菊花、川续断和红车轴草。

花园中的它：喜欢丁香花。

卵和幼虫：雌蝶在两周的产卵期内，每天产下 30 个左右的黄色虫卵，一周后孵化成幼虫。幼虫呈绿色带黑色条纹。经过 3~5 周化蛹。棕色的蛹越冬时悬挂在干燥的植物上，并在五月或六月时羽化成蝶。

趣味小知识

金凤蝶的幼虫刚刚孵化时，形状像是鸟类的粪便。这是迷惑天敌的一种方式。当幼虫慢慢成长后，其外观发生改变，成为一只高贵的黄绿色幼虫。这时候它的颈部会冒出小小的"叉子"，并散发出一种令人不适的气味。虫卵偶尔会产在菜园里的莳萝和胡萝卜缨上。

伊眼灰蝶

有时候人们会说，蝴蝶是飞翔的珠宝。伊眼灰蝶恰好能呼应这个说法。它们像宝石一般在阳光下闪闪发光。伊眼灰蝶是属于珠宝蝴蝶科下的一种蝴蝶。

在瑞典，一共有 21 种不同的蓝蝴蝶亚科，最常见的叫作伊眼灰蝶。它的名取自叫作芒柄花的一种花卉。这是伊眼灰蝶幼虫的一种寄主植物。伊眼灰蝶似乎很适应在人类周围居住，并且在城市里相当常见。

蓝灰蝶科的蝴蝶偏爱在靠近地面的地方飞行。它们钟爱栖息在长长的草叶上，伊眼灰蝶更是如此。如果不削减花园草地上的草叶，就有机会看见它出现在那儿！

邻近傍晚的时候，可以看见越来越多的蓝灰蝶成群结队地飞往最后一抹太阳余晖的草坪。它们徜徉在草叶上，低着头沐浴阳光。

蓝灰蝶科的蝴蝶长得都十分相像，要找出它们之间的区别可是相当考验眼力的。或许根本没有区分它们的必要，只要尽情享受它们的美丽便足矣。不过只要你稍微深入钻研一下，就会发现蝴蝶的世界比你想象得更加绚丽多姿。你可以带上相机或是手机，坐在草地上，给正在休息的蓝灰蝶们拍张照片。过一会儿，你就掌握到拍照的窍门了，这样蓝灰蝶翅膀的腹面就能显现得更加清晰。

稍后你可以将照片放在平板电脑上，静静观察。不同品种的蝴蝶，它翅膀背后的图案和圈圈看上去不一样。当你明白这些花纹的区别后，你会茅塞顿开，以后区分它们就简单多了。

伊眼灰蝶会组队睡在草地上最温暖的的角落里。

三种常见的蓝灰蝶

伊眼灰蝶

通过前翅腹面白色边缘的斑点，以及后翅腹面的白色楔形图案可以轻松辨认。

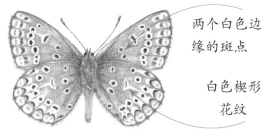

两个白色边缘的斑点

白色楔形花纹

腹面

琉璃灰蝶（托斯特灰蝶）

是春季看见的第一种蓝灰蝶，早在四月底的时候它就成蝶飞舞了。和大多数其他蓝灰蝶不同的是，它的飞行高度相当高，这算是典型的琉璃灰蝶作风。人们常常在城市里见到它。托斯特是过去瑞典语中欧鼠李的名字，也是幼虫的寄主植物。

腹面

银蓝灰蝶

是真正的"蓝莓蓝灰蝶"。也就是说，在森林里采摘莓子或是蘑菇的时候常常能碰见这种蝴蝶。但它也会去开阔的干旱地面，例如石楠属等植物上飞行。过去它被叫作大众的蓝灰蝶。

腹面

有一些蓝灰蝶是棕色的

不是所有的蓝灰蝶都是蓝色的。尤其是雌蝶，它的颜色可能有所不同，许多蓝灰蝶科的蝴蝶是棕色的。

银蓝灰蝶，雌蝶

和蚂蚁住在一起

有一些蓝灰蝶的幼虫会释放甜甜的液体，这让蚂蚁彻底为之疯狂。蚂蚁们因此将蓝灰蝶的幼虫搬回家，让它们待在舒服的蚁丘里越冬。蚂蚁不仅会保护它们，还会给它们喂食，虽然幼虫会将蚂蚁的虫卵和幼虫狼吞虎咽地吃掉！春季到来，羽化后，蝴蝶便从蚁丘长长的通道里爬出来。来到户外后，它们便立刻舒展自己的翅膀，像蓝宝石一般飞舞在春日的阳光里。

拉丁学名： *Polyommatus icarus*。其中 Polyommatus 代表很多只眼睛的意思。icarus 即伊卡洛斯，是一位将鸟的翅膀用蜂蜡固定在自己身体上飞翔的男子。因为伊卡洛斯飞得离太阳太近，所以身上的蜂蜡融化，而他则落入大海，溺水而亡。

英语： Common Blue

翅展： 21~33 毫米。

特征： 外表有很多变化。前翅的腹面长着两个白色边缘的斑点。后翅的腹面有白色楔形图案（见前一页的图片）。雄蝶翅膀的正面发着天蓝色的光，而雌蝶的翅膀正面既有亮蓝色也有棕色。

分布地域： 瑞典全境，中国大部分地区。

生长环境： 干燥开阔、布满鲜花的土地，比如草地、荒原、牧场，以及路边。也会出现在城市的砂石坑、铁路调车场和工业区。

幼虫的寄主植物： 豆科植物。最常见的是百脉根，但也会以红车轴草、白车轴草和芒柄花作为寄主植物。

最爱的花朵： 喜欢多种长在草地和路边的花朵，例如大巢菜和铺地百里香。

花园中的它： 稍微长大变得狂野一些后会开始喜欢花园。

卵和幼虫： 卵呈白色扁平状。雌蝶会在幼嫩的植物叶瓣上一个接一个地产卵，一周后孵化成幼虫。越冬后变成绿色的幼虫，春天化蛹，再过 1~2 周，成虫便从蛹里爬出。

趣味小知识

虽然蓝灰蝶体形很小，却能清楚地观察到它。当阳光反射在翅膀上时，它们熠熠生辉的闪亮色彩立即浮现。在天气暖和的日子里，蓝灰蝶会聚集在湿润的沙地旁一同畅饮。

在瑞典南部有些年份能看到三个世代[1]的伊眼灰蝶同时出现，但通常最多的情况只发生在春季。

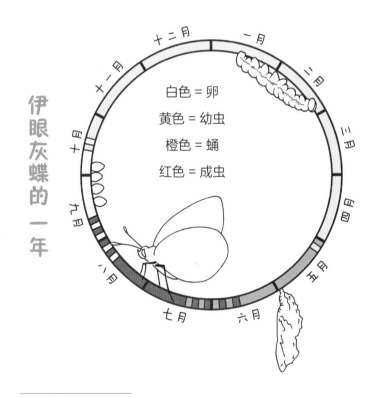

伊眼灰蝶的一年

白色 = 卵
黄色 = 幼虫
橙色 = 蛹
红色 = 成虫

十二月 一月 二月 三月 四月 五月 六月 七月 八月 九月 十月 十一月

---

① 请查看名词解释。

35

暗脉菜粉蝶

暗脉菜粉蝶是我们最常见到的白色蝴蝶。整个夏季在我们身边成片成片出现的，大致就是它了。它可能出现在开花的草地或是花园里，没错，它几乎无处不在！当你以为自己看见一只纹白蝶的时候，其实通常是一只暗脉菜粉蝶。

它像是通往蝴蝶世界的一把钥匙。当你张大眼睛看清楚暗脉菜粉蝶，明白它有多常见时，那你就朝一位真正的蝴蝶观察家迈出一大步了。

它之所以会如此频繁地出现在你眼前，并不是因为它是最常见的蝴蝶之一，而是它偏爱在多云的天空中飞翔。这一点也使得它成为早晨最有精神的蝴蝶之一。有时候等它们活动了好几个小时后，其他蝴蝶才开始飞出家门。

暗脉菜粉蝶是性格很酷的蝴蝶，它不太会一惊一乍。它的气味和蟒蛇有些类似，鸟群似乎也深谙这一点，便让它自由自在地飞。因此，这类蝴蝶相对比较淡定，不需要慌张地四处流窜。

另一方面，这种性格也让我们能较为轻易地用捕蝶网来捕捉到它。若你真把它抓到手，那就再好不过了。要确认暗脉菜粉蝶的身份可简单了，和往常一样，你要注意看翅膀的腹面。当蝴蝶合拢翅膀待在捕蝶网或是花朵上时，你可以清楚地看见，翅膀腹面有一些暗色的粉状翅脉，底色为泛白的黄绿色调。其他的白蝴蝶都不长这样。

当你学会这一点后，你就对白蝴蝶有了全新的认识。

紫花苜蓿上的暗脉菜粉蝶。
注意看翅膀腹面上的粉状翅脉。

翅膀腹面的翅脉在夏季最为明显，那会儿要辨认暗脉菜粉蝶绝对是小菜一碟。但夏季世代的暗脉菜粉蝶其翅膀腹面的颜色并不像其他世代的那么暗，这就容易与菜粉蝶混淆了。

白蝴蝶

下面教大家区分三种最常见的白蝴蝶的方法。

暗脉菜粉蝶

翅尖上的暗色斑点有些模糊。翅膀腹面可以清晰地看见暗色的翅脉，底色呈黄绿色。

纹白蝶

翅尖上的暗色斑点沿着翅缘一直往下。纹白蝶并没有人们想象的那么常见，能否看见它取决于是否会有迁徙而来的纹白蝶"填充"炽热的夏季。

菜粉蝶

翅膀腹面的翅脉边上并没有暗色的粉点。

雄蝶闻起来香喷喷

雄蝶会释放一股香气，不仅是为了标记自己的领地，更是为了吸引雌蝶的注意。一部分雄蝶的香味特别明显，人也能闻到。它们几乎总是浑身弥漫着香味。暗脉菜粉蝶的香味和马鞭草属的一种花一样，纹白蝶的香气则和鸢尾属一致，菜粉蝶的香气类似苹果花。另外一种蝴蝶——墙壁褐色蝴蝶，则会散发出浓郁的巧克力味！

黄花苜蓿

朝雌蝶喷雾

在交配时，雄蝶会分泌一种外激素（气味），这种外激素会黏附在雌蝶身上，使它在几天内丧失吸引力。这么做的目的是让雌蝶安安分分地产下雄蝶的卵，然后再与其他雄蝶交配。

培育自己的蝴蝶

如果你在花园里放几棵卷心菜，纹白蝶便会在上面产卵。那样你就可以跟踪它从虫卵到成蝶的整个过程。这往往需要一个月的时间。

当田里的油菜花盛开时，是暗脉菜粉蝶最喜欢的时节！但它的幼虫也可以在其他许多与油菜花同属的植物上生存。

拉丁学名：*Pieris napi*。其中 Pieris 代表希腊神话中的缪斯女神。缪斯女神是激发作家和艺术家灵感的女神。napi 指的是拉丁语里的油菜。

英语：Green-veined White

翅展：37~47 毫米。

特征：体形相当小的白蝴蝶，翅膀的腹面呈亮黄绿色，前翅翅缘呈暗色。雌蝶在前翅上有两个暗色斑点，雄蝶只有一处。翅膀腹面可以非常清晰地看见翅脉，翅脉呈深色粉状。

分布地域：属于瑞典最常见的蝴蝶之一，从春季或初夏飞行至秋季。

生长环境：从瑞典斯科纳省的南海岸直到北部的高山地区，所有可以想到的环境中都能生存。

幼虫的寄主植物：十字花科植物，例如杜鹃花、萝卜、芥菜、欧洲山芥、油菜花。

最爱的花朵：蒲公英以及其他初夏季节的黄色花朵。红车轴草。

花园中的它：喜欢丁香花，诸如墨角兰的香料植物，薰衣草。

卵和幼虫：会在寄主植物的叶瓣上产下黄色虫卵，虫卵和绿色幼虫发育得非常快。幼虫越冬后成蛹。在瑞典南部，暗脉菜粉蝶能拥有三个世代。

在瑞典的大部分地区，暗脉菜粉蝶每年有两个世代，瑞典南部则会出现三个世代。

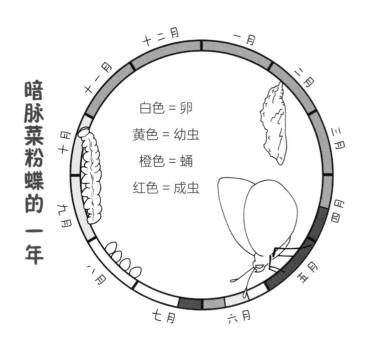

暗脉菜粉蝶的一年

白色 = 卵
黄色 = 幼虫
橙色 = 蛹
红色 = 成虫

十二月　一月　二月　三月　四月　五月　六月　七月　八月　九月　十月　十一月

趣味小知识

暗脉菜粉蝶的翅膀正面会散发紫外线，因此它们看到的对方，同我们眼中看到的它们完全不一样。你可以思考一下它们是怎么看对方的。它们喜欢在地面的水坑里吮吸水分和矿物质！

交配中的山楂绢粉蝶。之后它们会依偎着坐在彼此怀里约一小时——甚至更久!

山楂绢粉蝶

山楂绢粉蝶的身上总是萦绕着一股神秘的气息,或许这就是为什么有这么多人认为它是瑞典最美的蝴蝶之一的原因,尽管它仅仅是白色的而已。不过它身上的白色确实不是什么常见的白色。它的白色会发光,仿佛刚刚沐浴完,如出水芙蓉一般。

当六月到来,学校正好放假,酷暑来临后,它便随之出现。遇上天气暖和的春季,偶尔在五月就能见到它。如果是隔着一段距离发现它的话,乍看之下它同纹白蝶有些类似。但靠近一些后,你就能目睹它优雅的飞行姿态了。那样还能看见它翅膀上典型的黑色翅脉图案。而且你会发现,它的个头很大。山楂绢粉蝶是所有白蝴蝶中最大的。

与其他白蝴蝶迥异的是,它飞行的速度很慢。它像是蝴蝶中的国王一般,只是威严庄重地一点点挪动。它偶尔会稍稍扬起如纸张般僵硬的翅膀。艾玛·廷奈特,本书蝴蝶的绘者,常把它比作随风而来的一张薄薄的手绢。

山楂绢粉蝶为了找到自己最钟爱的花朵会飞行数千千米。它似乎偏爱捕虫草,长有此类花卉的路边往往是观赏这种蝴蝶的绝佳位置。它还会飞到阳光明媚的森林边缘地带,寻找山萝卜花。在吮吸花蜜时,它可以静静地待上好久。有时候,它太沉迷于花蜜,你都可以悄悄地走到它跟前呢。

渴望泥沼

在夏日的雨后，会有许多山楂绢粉蝶聚集在泥泞的地面。它们会在泥沼里吮吸水分和矿物质。如果它们受到惊吓，则会同时飞走，就好像用纸片做成的一团白云。

来去匆匆

有些年份中，山楂绢粉蝶数量很多，但还有一些年份里它们就好像完全失踪一般。这主要是因为阳光明媚、天气暖和的夏天和正常降雪的冬天，能保护幼虫抵御寒冷。但它们还有一位棘手的天敌——小寄生蜂，它会在白蝴蝶的幼虫上产卵。我们发现，比其他白蝴蝶住得稍远一些的山楂绢粉蝶，其后代存活得更好一些。

蓝蓟是山楂绢粉蝶经常拜访的一种花卉。

寄主植物山楂是一种长在牧场和森林边缘的小型树木。它在花园和公园里也很常见。

只有布谷鸟喜欢毛茸茸的幼虫

山楂绢粉蝶的味道不太好闻，因此也不是鸟类爱关注的对象。就连它毛茸茸的幼虫也不好闻，而且还带有毒性，这两点使得几乎所有鸟类都不愿搭理它们。但布谷鸟可是吞食多毛幼虫的行家，越是毛茸茸，味道就越强烈，这点似乎深合布谷鸟的心意。它们一点儿也不在意这么多刺毛会吞进肚子里。当胃里的刺毛过多时，它们只需要换一个新的黏膜就行了！

远程飞行家

山楂绢粉蝶具备一项其他蝴蝶都没有的天赋——远距离飞行。许多种类的蝴蝶都只能限制在特定的区域里生存。如果那片地区发生了任何改变，这些蝴蝶就容易受到伤害。

清晰的翅脉是山楂绢粉蝶的特征。

山楂绢粉蝶的一年

白色 = 卵
黄色 = 幼虫
橙色 = 蛹
红色 = 成虫

十二月 一月 二月 三月 四月 五月 六月 七月 八月 九月 十月 十一月

拉丁学名: *Aporia crataegi*。其中 Aporia 来自希腊语,意思大致是困难。crataegi 是蝴蝶的寄主植物山楂的拉丁语名。

英语: Black-veined White

翅展: 58~77 毫米。

特征: 大型白蝴蝶,翅膀上有暗色翅脉。雄蝶和雌蝶长得很像,但交配后,雌蝶的翅膀变得几近透明。近距离观察可以发现雌蝶的翅脉呈棕色,而雄蝶呈黑色。

分布地域: 瑞典中南部,常见于厄兰岛和哥特兰岛,中国的东北、华北、西北,及山东、四川等省。

生长环境: 钟爱森林边缘地带。出现在灌木丛茂密的土地、多刺的牧场、稀疏的森林和有石楠树的山里。常常沿着森林道路的边缘和电力线飞行。

幼虫的寄主植物: 欧洲花楸、山楂、黑刺李,也包括李子树和海棠树。

最爱的花朵: 钟爱捕虫草。常见于川续断和蓝蓟上。

花园中的它: 光顾大多数花蜜含量丰富的花朵。

卵和幼虫: 雌蝶会在叶子背面集中产下 30~100 个虫卵,2~3 周后孵化成幼虫。幼虫在树上越冬,春季时啃食大量叶片,导致树枝光秃秃的。蛹呈黄绿色,带黑色斑点,形态优美。常倒挂于干燥的草本植物或树干上。

趣味小知识

山楂绢粉蝶是耶斯特里克兰郡的郡蝶。幼虫们集体待在寄主植物的茧①里,在里面越冬。雄蝶会沿着电力线和路边巡逻。

---

① 请查看名词解释。

阿波罗绢蝶

对许多热爱大自然的人来说，观赏到阿波罗绢蝶真是实实在在的梦想成真。它正是人们希望在现实生活中遇见的那种蝴蝶。它的存在仿佛是夏日的一记惊叹号。

很可惜的是，它同时也是夏季的"哀伤宝宝"。很少有其他蝴蝶像阿波罗绢蝶的数量减得那么厉害。过去，瑞典南部的所有省份都能见着阿波罗绢蝶。而现在，它只出现在为数不多的几个地点，如果你能遇见它，那可是走运了。

阿波罗绢蝶的衰退早在 50 年前就开始了。至于究竟是何原因，人们不得而知。但阿波罗绢蝶的生存依赖于地面上的石灰，它最可能在这类区域里出现。或许由于受空气污染的影响，瑞典土壤上的石灰变得越发贫瘠。

但阿波罗绢蝶数量下降的背后，很可能还有其他原因。蝴蝶对环境的变化可是前所未有的敏感！

阿波罗绢蝶是欧洲人最爱的蝴蝶。它和其他品种的蝴蝶留给人们的印象大相径庭。这不只是体形大小的原因，它还有比其他蝴蝶更厚实的翅膀。比起丝滑的花瓣，它的翅膀更像是打过蜡的纸。当它掠过时，会让你感觉像是某种猛

黑矢车菊上的阿波罗绢蝶

禽，动态形象和秃鹰一模一样。在缓缓地拍打几下翅膀后，它会滑翔着向前飞去。

在花朵盛开的草甸上，它显得更有目的性，更为好动，但同时带有一丝丝笨拙。当它在花朵上转动身体时，草地会发出"沙沙"的声音。但它完全不害怕，仍旧晃着翅膀待在花朵上。

这是一片岩石密布、半开放的草甸图景。阿波罗绢蝶的生长环境看起来大多类似这样。

适应山间生活

实际上，阿波罗绢蝶是一种山间蝴蝶，它的拉丁语名Parnassius告诉了我们这一事实。现在除了在哥特兰岛以外，其他地方都无法见到它，在哥特兰岛它喜欢待在石灰丰富的土地上。

竟能发出声音

阿波罗绢蝶一般有三种办法甩掉天敌：它会从空中摔下来"装死"，或是藏在地上的草丛和花卉中，又或者露出翅膀上的红"眼睛"。如果这都不管用，那么阿波罗绢蝶就会用后足刮擦翅膀，发出"嘶嘶"的声音来吓倒对方。

立即交配

雌蝶常常刚挥舞第一下翅膀就开始交配了。没错，有时候它们甚至来不及伸展翅膀，便与雄蝶交配了。这背后的原因是，即使是蛹，它们身上也携带着雄蝶能识别的香气。当雌蝶破蛹成蝶，雄蝶便在一旁伺机而动。

尿布宝宝

当雌蝶交配时，它的腹部往往会有一张小小的"尿布"。"尿布"是由雄蝶身上风干的水分形成的。这张"尿布"的作用是让它不能再和其他雄蝶交配。

保护动物

现如今，阿波罗绢蝶受到整个欧盟的保护。

翅膀的腹面有好几对红色的"眼睛"，可以吓跑饥肠辘辘的鸟类。

阿波罗绢蝶是全欧洲最大的蝴蝶。

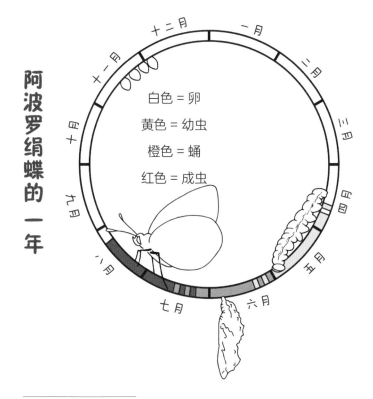

阿波罗绢蝶的一年

白色＝卵
黄色＝幼虫
橙色＝蛹
红色＝成虫

① 请查看名词解释。

拉丁学名：*Parnassius apollo*。其中 Parnassius 是阿波罗绢蝶在山上的住处。apollo 即太阳神阿波罗，也是美术的保护神。

英语：Apollo

翅展：62~87 毫米。

特征：体形相当大，翅膀厚实。整体呈灰白色，后翅有红色眼状斑点。前翅的翅缘几近透明。雌蝶常常要比雄蝶大一些。

分布地域：瑞典只出现在哥特兰岛和东海岸的群岛上，中国的阿波罗绢蝶大部分生活在西北、西南地区。

生长环境：适应开阔的地形、多岩石峭壁的地带。喜欢待在毗邻稀疏的混合森林，空气中弥漫着松树气息的地方。只会出现在地面上石灰含量较高的地方。为了寻找花蜜，愿意沿着路边长距离飞行。

幼虫的寄主植物：景天科植物，例如紫八宝和白八宝。

最爱的花朵：蓟、红矢车菊、黑矢车菊。

花园中的它：很少光顾花园。

卵和幼虫：白色的虫卵会一个个地产在地衣、苔藓、松针、松树枝上。虫卵越冬后，在来年春天孵化成幼虫，那会儿正是白八宝和紫八宝生长的时候。幼虫呈黑色，带红色斑点。依附寄主植物一个月后，便把自己埋入泥土，在地下化蛹，几周后破蛹成蝶。

趣味小知识

阿波罗绢蝶有大量亚种①，在瑞典共有三个亚种。哥特兰岛的阿波罗绢蝶要比其他两种的体形小一些，但却被认为是卡尔·冯·林奈给这一种取名时所见到的那种。在东南欧的阿尔卑斯山脉，几乎每座山都有一个阿波罗绢蝶亚种。

小斑草眼蝶

你是不是也没见过这种最常见的蝴蝶？别激动，不是你一个人。到芳草茂盛的野外草地或是任由青草自由生长的地方先转一圈，阳光明媚的夏季空气中充满了稍显暗色的蝴蝶。它们中有许多都是眼蝶。

它们的特别之处在于，看见它们不会让你大惊小怪。它们似乎很习惯将自己融入大自然的背景中，而且身上的颜色也不那么引人瞩目。大多数眼蝶呈棕黄色或棕色，翅膀上有许多小圈圈。这些圈圈是很好的辨识特征。这些圈圈各不相同，但所有眼蝶大致都有这样的图案。

草地上数量最多的很有可能是一种叫小斑草眼蝶的品种。它们十分常见，虽然你都没有注意到它们的存在。它们就如同麻雀和山雀一般，一直就在那儿生活，忠实度也很相似。眼蝶很少会飞超过 100 米的距离。

英语中的眼蝶叫 Ringlet，意思是小圈。小斑草眼蝶的翅膀腹面有七个小小的圈圈。它们飞起来的样子像在蹦蹦跳跳，在草地上升升落落。它们经常和另外一种叫草甸蝴蝶的品种做伴。这个组合非常棒，草甸蝴蝶是瑞典第二常见的蝴蝶。多亏草甸蝴蝶翅膀上的小橙色色块，才能轻松地将它们俩区分开（见下一页）。

草地，就如同花卉一样，能够拥有属于自己的蝴蝶，这岂不是很美妙？瑞典大约有 20 种不同的眼蝶。给它们起这个名字的用意在于，这些蝴蝶的幼虫都靠草地为生。

它们属于蝴蝶群体中早晨精力异常旺盛的一类，即使是阴天也会出门，只要室外暖和就行。在夏日雨后看到的第一只蝴蝶往往就是小斑草眼蝶。

瑞典最常见的蝴蝶小斑草眼蝶，正待在同样常见的名为鸭茅的草上。

3 种常见的眼蝶

小·斑草眼蝶

给人一种深棕色的印象，翼缘呈白色，较薄。

草甸眼蝶

比小斑草眼蝶体形大。雌蝶有明显的橙色斑点。

隐藏珍眼蝶

一种小型的红棕色蝴蝶，翅膀腹面上长有美丽的圈圈（右图西洋蓍草上的那只蝴蝶）。在瑞典东部的防风草原上很常见。

受益于过度生长的草叶

小斑草眼蝶不喜欢修剪得较短的草坪或是勤于放牧的牧场，它喜欢长长蓬蓬的草叶子。至于是什么种类的草，倒是没什么大不了的。瑞典共有三百多个草叶品种，其中有许多都是小斑草眼蝶幼虫的食物，足够把它们喂得饱饱的。

薰衣草上的草甸蝴蝶。

瑞典最常见的蝴蝶

每年夏季，成百上千的人在瑞典各个地方统计蝴蝶的数量。他们把自己的统计结果寄给隆德大学的研究人员，经汇总后发现，有些蝴蝶品种的数量增加，有些则减少了。小斑草眼蝶是目前为止数量最多、分布最广的一种蝴蝶。第二名一般是草甸眼蝶。第三的位置则是另一种十分常见的物种，暗脉菜粉蝶。夏季里，这三种蝴蝶几乎每天都能在瑞典大部分地区见到，你只需要抬眼瞧一瞧就行。

2010~2013 年瑞典蝴蝶监测数据前三名：

1. 小斑草眼蝶　　33123 只
2. 草甸眼蝶　　　17492 只
3. 暗脉菜粉蝶　　13690 只

西洋蓍草上的隐藏珍眼蝶。

你也想加入统计蝴蝶的行列吗？详见第 60 页。

如果你仔细看，会发现一些小小的眼状斑点和白色的翅缘。

小斑草眼蝶的一年

十二月 一月

白色＝卵
黄色＝幼虫
橙色＝蛹
红色＝成虫

十一月

十月

二月

九月

三月

八月

四月

七月 六月 五月

拉丁学名： *Aphantopus hyperantus*。其中 Aphantopus 来自希腊语，意思是几乎看不见，这指的是它作用微乎其微的前足。在它走路或是擦拭触角的时候，前足派不上用场（它用的实际上是中足）。hyperantus 来自一位名叫埃及博特斯的埃及国王的 50 名子嗣的名字，hyperantus 是其中的一个。根据传说，埃及这个国家的名字正是取自埃及博特斯。

英语： Ringlet

翅展： 28~42 毫米。

特征： 正面呈棕黑色。如果仔细观察，会发现眼状的微小斑点。腹面有更多此类斑点，大多是 7 个黄色圈圈，形状似眼睛。雄蝶和雌蝶外形相似，雌蝶体形稍大，其正面的眼状斑点往往更清晰。具体的花纹各不相同。

分布地域： 瑞典东南部、中国云南大理等地。

数量： 是瑞典最常见的蝴蝶。

生长环境： 适应于草叶茂盛的地区。出现在草地、稀疏的森林、路边、花园。

幼虫的寄主植物： 各种各样的草类植物。

最爱的花朵： 蓟。

花园中的它： 光顾小雏菊、薰衣草、墨角兰和紫松果菊。

卵和幼虫： 圆圆的黄色虫卵一个接一个地产在草叶上。小斑草眼蝶的幼虫大多在夜里孵化。它们吞食草叶，越冬后成为半发育的幼虫，来年五月化蛹。

趣味小知识

雄性小斑草眼蝶什么也不吃，也不光顾花卉，因此它们的寿命并不长。与之相反的是，雌蝶可是勤劳的探花使者。

绿豹蛱蝶

贝母蝶（釉蛱蝶亚科）形似莓子，红棕色的身体带着黑色的斑点，体形大都相当大。相比之下，雄蝶稍稍显亮一些，在阳光下几乎会发光。要将贝母蝶分辨出来看起来很难，但实际并非如此。你只需要等待它落在花朵上，合拢翅膀后即可辨别。悄悄地躲在附近，很快你就会看见它们腹面上美丽的珠光。每个品种都有其独特的图案。

在瑞典，一共有 18 种贝母蝶。人们最常见到的应该要属绿豹蛱蝶（银条贝母蝶）了吧。之所以起这个名字，是因为它的腹面有银白色的线条。它可是一位优雅的飞行员，先是快速地拍打几下翅膀，紧接着便是姿势优美的滑翔动作，仿佛在空中玩着冲浪。它经常会从你身边滑行而去，离地面一两米高。

贝母蝶总是在酷暑来临时出现，最早探出头的是雄蝶。它们四处飞行，探寻雌蝶的踪迹。人们把这称为巡逻，因为它们总是沿相同的路线飞行。很快就能搞清楚它们一般会在什么地方出现了。

雌蝶要在一周后才破蛹成蝶，这下雄蝶可就热血澎湃了。它们追逐在各自的雌蝶身后，用看家绝活儿吸引雌蝶。与此同时，雄蝶还会从鳞片上释放诱人的香气。在交配的时候，雄蝶和雌蝶要保持将近一小时的时间。

随后雌蝶会飞走，寻找紫罗兰。它的叶子就是幼虫们来年要生活的地方。因此，它希望尽可能地在靠近紫罗兰花朵的地方产卵。在它寻觅到紫罗兰之后，便会在附近找棵树，在树皮上产卵。

三色堇

这类蝴蝶很适应繁花密布的林间空地。这只正停在一朵田野欧洲山萝卜上。

看看腹面吧！

绿豹蛱蝶

是唯一具有泛绿光的银色条纹的蝴蝶。

珠蛱蝶

体形非常大，银色条纹相当不均匀。

银斑豹蛱蝶

清晰的暗绿色背景衬托着椭圆形的银色斑点。

什么是贝母？

贝母是一种发光材质，由一颗真的珍珠所构成。它也会生长在蓝贻贝的内壁上。贝母蝴蝶的后翅腹面上就长有闪闪发光的斑点，其形态与贝母非常相似。不过那当然不是真正的贝母啦。

朝北方扩散中

绿豹蛱蝶属于近几年数量上涨的蝴蝶品种。它们似乎受全球气候变暖的恩惠，正朝着北部一点一点地扩散着。

当幼虫在春季孵化后，它们便立即开始蠕动，寻找紫罗兰。只有紫罗兰的叶子能让它们生存。

黑矢车菊上的绿豹蛱蝶

绿豹蛱蝶是体形最大的贝母蝴蝶。
其翅膀正面有圆圆的黑色斑点。
图上的这只是雌蝶。

绿豹蛱蝶的一年

白色 ＝ 卵
黄色 ＝ 幼虫
橙色 ＝ 蛹
红色 ＝ 成虫

十二月 一月 二月 三月 四月 五月 六月 七月 八月 九月 十月 十一月

拉丁学名: *Argynnis paphia*。Argynnis 出自希腊语,表示银色之意。这个词也是一位年轻人的姓名。根据传说,年轻人 Agynnos 在一条江里溺水而亡。paphia 则是位于塞浦路斯的爱神阿芙洛狄忒上岸的地方。

英语: Silver-washed Fritillary

翅展: 53~65 毫米。

特征: 一种体形相当大的红棕色蝴蝶,飞行姿态为滑翔式。

分布地域: 瑞典南部和中部,中国黑龙江、辽宁、吉林、河北、河南、新疆、宁夏等地。

生长环境: 依赖于森林,因此常在林间空地和边缘地带,或是沿着森林小径和电力线飞行,也会出现在森林附近的草地上。

幼虫的寄主植物: 紫罗兰。

最爱的花朵: 蓟、川续断、黑莓。

花园中的它: 光顾诸如墨角兰的香料植物、薰衣草。

卵和幼虫: 雌蝶在橡树和松树的树皮结节上一个接一个地产卵,经过 2~3 周后孵化成幼虫。幼虫将自己的卵壳吃完后,将自己牢牢织在树皮结节里。在里面待完整个秋冬后,来年春天才会从树干上爬出来,然后凭嗅觉努力找寻紫罗兰。有时候它们得走好大一会儿,才能找到紫罗兰呢!

趣味小知识

绿豹蛱蝶其实还有另外一种颜色,这种蝴蝶叫做斐豹蛱蝶。这类蝴蝶的颜色明显要更灰绿一些。在瑞典,斐豹蛱蝶这个品种十分罕见,但在欧洲却是最常见的豹蛱蝶科蝴蝶。

红灰蝶

红灰蝶的速度快如闪电，如果有人碰巧打扰到它，它会像一艘小火箭一样马上跑开，消失在花丛障碍拉力赛中，仿佛屁股着火一般！不过它有一个自留地，经常会飞回去看看。如果对红灰蝶稍加关注，你就会了解它们的习性。

关于它们是夏季最勤劳的蝴蝶这一说法，还真一点不假。红灰蝶属于从五月一直飞到深秋的少数品种之一。当然了，我们看到的不是同一世代的蝴蝶。它们一个世代的寿命常常只有几周的时间。不过红灰蝶有时候会在一个夏季孵化出三个世代。

它们闪闪发光的翅膀，让人很容易就能认出它们。不过它们翅膀的颜色真是你所想的那种金色吗？没错，它既然得了小金蝴蝶这个瑞典语名字，这么想就对了。在英国，人们认为它的颜色类似铜金属色，在那儿它被叫作小铜蝴蝶。这么一看，会不会丹麦语的名字才是最贴切的——小火蝶。这和我们看到的可是一模一样啊！

它平时乐意待在暖和的沙地或是其他光秃秃的地方晒太阳。你会发现，它那美貌的翅膀既不是完全舒展开，也并非整个合拢，而是呈 45 度打开，这么做很有可能是为了让阳光完美地照射在自己身上。

雄蝶有自己奋力捍卫的一片区域（领地），而且不只是针对其他雄蝶。如果碰巧是一只无辜的小苍蝇从雄蝶的领地飞过，那雄蝶会像生气的蜜蜂一般把它扑走，必须向它展示，那是自己的地盘！

典型半开翅膀的红灰蝶，它正在西洋蓍草上吮吸花蜜。

未来的蝴蝶

红灰蝶是最常见的金色蝴蝶，也是一种在未来数量不会下降的蝴蝶。它们对生存的要求并不高，寄主植物也十分常见。

更多的灰蝶科蝴蝶

在瑞典还有斑貉灰蝶。它在瑞典的分布地区更广，腹面上的白斑非常明显。紫灰蝶相对不那么常见，当阳光洒在它的翅膀上时，会发出真正的紫色光泽。罕莱灰蝶十分罕见，只在瑞典的韦姆兰省、耶姆特兰省和西诺尔兰省的少数地区出现。

一起呼呼睡觉

同部分蓝灰蝶一样的是，红灰蝶也喜欢组队睡觉。当傍晚的阳光洒向大地，它们常常在草坪上的某个区域集合，坐在各自的草叶上，低垂着头休息。人们认为这是抵御蜘蛛的一种方法，蜘蛛是蝴蝶的天敌之一。同时，这也是尽情享受阳光温暖的一种方式。

关于蝴蝶的虫卵

蝴蝶的虫卵大约和这句话结尾的句号差不多大，但其形状各不相同。最常见的是圆形和椭圆形的虫卵，但每个物种都有自己的变种形态。蝴蝶专家可以根据虫卵看出这是哪种蝴蝶产下的虫卵。虽然虫卵非常小，但里面却蕴含了幼虫生长所需的所有营养。虫卵孵化后所做的第一件事，便是吃光自己的卵壳。

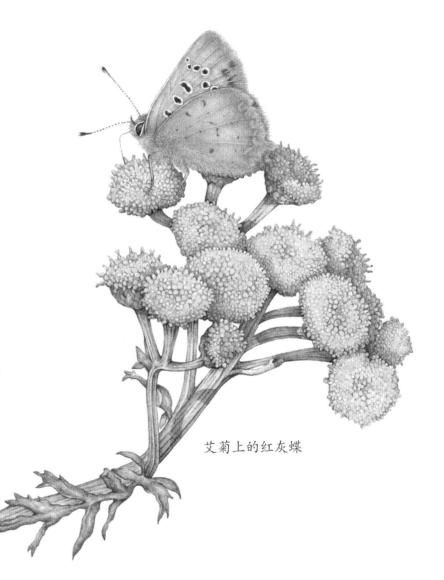

艾菊上的红灰蝶

蝴蝶的虫卵和首饰一样精美。这是放大了许多倍的优红蛱蝶（左）和红灰蝶（右）的虫卵。

拉丁学名：*Lycaena phlaeas*。其实人们不知道 Lycaena 具体代表什么意思。phlaeas 来自希腊语，意为"燃烧起来"，很可能指的就是蝴蝶身上火黄的颜色。

英语：Small Copper

翅展：22~34 毫米。

特征：前翅的正面泛着橙色的光泽，周缘较宽，呈棕色。后翅的正面几乎恰恰相反，棕色翅面，周缘为橙色。雄蝶与雌蝶外表相似。

分布地域：瑞典大部分地区，中国河北、北京、黑龙江、河南、浙江、福建、西藏等地。

生长环境：干草原、山坡、草地和路边、砾石坑周围，及铁路沿线。

幼虫的寄主植物：小酸模、酸模。

最爱的花朵：红灰蝶是勤劳的采花使者，偏爱矮生植物，如欧洲山萝卜和菊花。

花园中的它：喜欢诸如金钱半日花及墨角兰等花卉。

卵和幼虫：雌蝶会在酸模属植物的叶子上一个个地产卵。幼虫会从叶子底下慢慢吃光叶子，而且不易察觉。越冬后的形态为幼虫，貌若潮虫，绿色的外表与寄主植物的颜色如出一辙。

趣味小知识

灰蝶与蓝灰蝶是同一属的蝴蝶，且都归于灰蝶科，这点从名字上就能看出。夏代蝴蝶常常是数量最多的一类，其翅膀后端有两个小小的尖头。在山间还有一个亚种蝴蝶，其学名为北极星。

红灰蝶只有孔雀蛱蝶和钩粉蝶一半大，但是和它们一样常见。

红灰蝶的一年

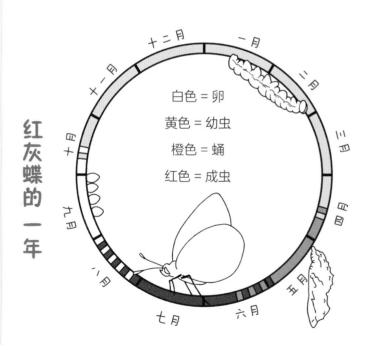

白色 = 卵

黄色 = 幼虫

橙色 = 蛹

红色 = 成虫

十二月　一月　二月　三月　四月　五月　六月　七月　八月　九月　十月　十一月

小红蛱蝶

小红蛱蝶们挤在一朵常见的丝路蓟上。试想，一棵"杂草"竟然可以变得这么重要！

人们常说小红蛱蝶是世界上最成功的蝴蝶，除了南美洲之外，小红蛱蝶几乎遍布全球。不过，在南美洲存在着和它非常相近的另一个品种的蝴蝶。

在北欧，它只在夏季才会来做客，没法在瑞典越冬。因此，新生蝴蝶只能自己飞来这里。它们这一路仿佛一段奇幻的旅程。

早春时节，北美洲和中东地区在特定的年份里曾生长了数量惊人的小红蛱蝶。为了躲过干热的夏季，它们朝北迁徙，希望幼虫们能在更富足的地方孵化。

小红蛱蝶做的事情同候鸟们一模一样。除此之外，它们飞行的路线也常常和候鸟一样。小红蛱蝶在白天和夜里都会出门活动，一个昼夜可以飞行约一百五十千米。顺风的情况下，它们每天飞行的距离甚至可以达到三百千米。

能够抵达北欧的小红蛱蝶倒不是从地中海另一端启程的那批蝴蝶，而是这些蝴蝶的后代[1]，它们会在路上繁衍后代。

在瑞典，小红蛱蝶会在蓟的叶子上产卵。卵和幼虫都对天气十分敏感，只有遇上天气暖和、阳光明媚的夏日，才会孕育下一代。它们就是许多人在夏末花园里的花卉上注意到的蝴蝶。

瑞典出生的小红蛱蝶是在早春时节告别北美洲的那批蝴蝶的"孙辈"。到了秋天，它们会自行飞回南方。一个挺有趣的问题是，一只刚刚破蛹的蝴蝶体重还不足一克，它是如何知道何时是上路的时间，又是如何知道自己该往哪儿飞的呢？

更让人敬佩的是，它们还能飞越波罗的海，穿越整片欧洲和地中海！

①请查看名词解释。

54

浑然天成的魔术

蝴蝶的幼虫吃完自己的寄主植物，也就意味着成蛹的阶段开始了。现在，整只幼虫的肚子里都装满了"建筑材料"，很快就要把自己建造成一只蝴蝶了。在幼虫创造完自己坚硬的蛹壳后，一件异常神奇的事情便发生了：幼虫会溶解在蛹里，仿佛酸奶一般。在一片哀伤的氛围中，一只色彩缤纷的蝴蝶从此在这里面缓慢却坚定地生长起来。你可以好好思考一番，这一切究竟是怎么实现的？在一个阳光明媚的日子里，蛹羽化成蝶，从里面慢慢爬出来，然后缓缓地舒展开它狡黠又精致的翅膀。

漂亮的女士

卡尔·冯·林奈将小红蛱蝶称为漂亮的女人和阿塔兰忒——希腊神话中英姿飒爽的女英雄。就连狩猎女神狄安娜也与这种蝴蝶联系在一起。

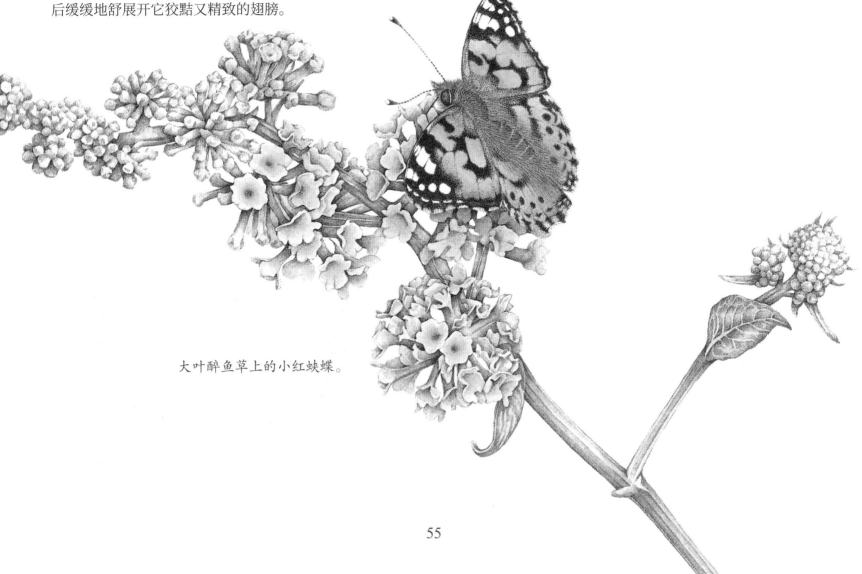

大叶醉鱼草上的小红蛱蝶。

55

拉丁学名：*Chyntia cardui*。Chyntia 出自狄安娜女神出生之岛的一座山。cardui 出自寄主植物蓟属飞廉的学名。

英语：Painted Lady

翅展：52~59 毫米。

特征：呈亮橘红色，带黑白色斑点。腹面为杂色，可见五处眼状斑点。雄蝶和雌蝶外形相似。

分布地域：瑞典南部，中国各地。

生长环境：开阔且繁花似锦的土地，夏末时分在花园里十分常见。但与黄缘蛱蝶和优红蛱蝶不同的是，它并不喜欢秋季的果实。

幼虫的寄主植物：最主要的是蓟属植物，但也有以北艾和锦葵为寄主植物的。

最爱的花朵：蓟和车轴草。

花园中的它：经常坐在球花醉鱼草（蝴蝶灌木）上。夏末时分喜欢坐在紫丁香上。

卵和幼虫：雌蝶会在蓟属植物的叶子上一个接一个地产卵，大约在一周后孵化。幼虫依赖蓟属植物的叶子为生，3~5 周后成蛹。新生蝴蝶在 2~3 周后破蛹成蝶，从七月底一直飞行到九月初。

趣味小知识

小红蛱蝶是第一批登陆北冰洋北部斯瓦尔巴德群岛的斯皮茨卑尔根岛的蝴蝶，那是发生在 1978 年夏天的事。为了飞抵此处，小红蛱蝶一共越洋飞行了约七百千米。

小红蛱蝶算是最美丽的蝴蝶之一了吧？

小红蛱蝶的一年

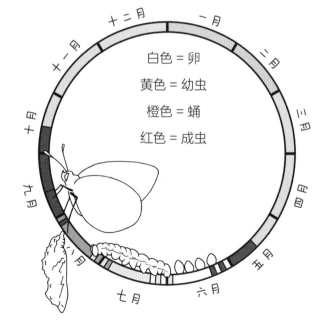

白色 = 卵

黄色 = 幼虫

橙色 = 蛹

红色 = 成虫

十二月　一月　二月　三月　四月　五月　六月　七月　八月　九月　十月　十一月

第 980 号蝴蝶
优红蛱蝶

秋季——很奇怪吧——在瑞典是属于优红蛱蝶的季节，它们常常是花园和公园里最常见的蝴蝶。与此同时，其他蝴蝶，诸如孔雀蛱蝶、荨麻蛱蝶等，早就进入冬眠了，花儿们也开始唱起最后一支歌。

但与其他蝴蝶不同的是，优红蛱蝶不只光顾花卉，最吸引它们的是秋季掉落的果子。它们会搜寻已经落在地上的苹果和梨，这些在地上放了一阵的果子更容易吸引蝴蝶吮吸汁水。

和小红蛱蝶一模一样的是，优红蛱蝶也是一种迁徙的蝴蝶。它本身分布在欧洲南部的山区。春季里，一部分蝴蝶会直接从那里飞去北欧，几周后便能抵达。其他蝴蝶则会待在欧洲中部，并在那里交配。它们的后代会在之后朝北部做更远的飞行，在七月至八月间来到北欧。

如果遇上天气暖和、阳光明媚的夏季，最早一批优红蛱蝶可以赶在夏季来到瑞典交配。这样就会有新生的瑞典优红蛱蝶了。这种年份简直就是优红蛱蝶的梦幻之秋！

和白钩蛱蝶一样的是，优红蛱蝶也属于怪异的字母蝴蝶。不过它翅膀上的图案并不是字母，而是数字——在后翅的腹面可以看见上面写着 980（见下页）。

还有许多其他蝴蝶的翅膀上也长着数字和字母的花纹。曾有一位摄影师创作了一套蝴蝶字母的摄影集，里面包含了这些字母蝴蝶的照片。影集里可以看到 26 个拉丁字母，以及数字 0 到 9。这些数字和字母全都长在不同的蝴蝶翅膀上！

蓟上的优红蛱蝶

或许能够越冬

优红蛱蝶未来能在瑞典顺利越冬吗？近几年来，有人看见它们早在三月时便出现在瑞典南部了。不知道究竟是准备越冬，还是特别赶早的迁徙部队。不过，优红蛱蝶越来越普遍在英国越冬了。它们在那儿成了春天的新标志，非常受人们欢迎。

为何瑞典语里叫作海军上将蝴蝶

翅膀上的红色色带与海军上将制服上的色带非常相似。海军上将是舰队的最高军衔，类似于陆军部队的将军。这名字对需要漂洋过海的蝴蝶来说再合适不过了。

飞高高

根据芬兰的一项调查，在短短一个月的时间里，会有50万只优红蛱蝶向南迁徙。遇上风力较强的顺风情况，它们的飞行高度达两千米，并且气温只有 2℃哟！

蛹

优红蛱蝶的幼虫是完全依赖于荨麻叶的蝴蝶品种之一。

优红蛱蝶喜欢掉落的果子。

你能看见上面的数字吗？一部分人认为上面写着 980。但在其左翼上（图中可见）看见的却是数字的镜像——右侧翅膀上的顺序则是正的。

到目前为止，瑞典的优红蛱蝶在秋天的时候会朝南迁徙。

白色＝卵

黄色＝幼虫

橙色＝蛹

红色＝成虫

（日历环上标注：一月、二月、三月、四月、五月、六月、七月、八月、九月、十月、十一月、十二月）

拉丁学名： *Vanessa atalanta*。Vanessa 是作家约翰逊·斯威夫特于18世纪创造的名字。atalanta 代表一位美丽健壮的女性，她会挑战所有向她求爱的男性，失败者将被她处决。

英语： Red Admiral

翅展： 53~63 毫米。

特征： 一种非常美丽的蝴蝶，颜色十分和谐，近乎黑色的暗棕色天鹅绒配上有型的红色色带，带白色斑点。雄蝶与雌蝶外形相似。

分布地域： 瑞典全境，中国华南、西南各地。

生长环境： 开阔且繁花似锦的土地、花园，及公园。

幼虫的寄主植物： 荨麻。

最爱的花朵： 会光顾许多不同的植物。在紫花苜蓿田上经常有大量的优红蛱蝶。也会从诸如桦树和橡树等树木上饮取树液。

花园中的它： 光顾蝴蝶灌木、柳叶马鞭草、墨角兰、薰衣草、大麻叶泽兰、紫苞泽兰、秋麒麟草等。喜欢已经开始腐烂的掉落的果实。

卵和幼虫： 雌蝶会在荨麻叶上一个个地产下绿色的虫卵。幼虫可能是绿色或黑棕色，在背脊上会有一排刺。幼虫倒挂在荨麻叶上化蛹，但发育要延迟到秋天正式到来才会开始。其中有许多蝴蝶会死亡，活下来的则到十月才破蛹成蝶。

趣味小知识

先将抹布浸泡在加了糖的红酒里，放几天后，将它晾在室外，这样便能轻而易举地吸引优红蛱蝶到来。与此同时还能看到许许多多其他昆虫。如果运气好一些，会有惊艳的蛾子光顾。

让我们一起统计蝴蝶的数量吧

在欧洲的 19 个国家，人们一直在统计蝴蝶的数量。之所以这么做，是因为人们想要了解大自然所发生的一些变化，了解特定品种的蝴蝶，数量是越来越多，还是越来越少。

蝴蝶对气候变化和地形变化的反应相当迅速，所以跟踪蝴蝶的变化就变得尤为重要。它们的表现能揭露大自然的状态。

在诸如荷兰和比利时这些国家，蝴蝶正在慢慢消失，我们还不知道究竟是什么原因。其中常见的钩粉蝶也在急剧减少。

不过在瑞典，蝴蝶的种类数量却在增加，有一部分朝更北的地区扩散。孔雀蛱蝶就是很好的例证。它们甚至会出现在瑞典最北的地区。但瑞典境内大部分地区的蝴蝶却在消失和减少。

如果想要和蝴蝶待在一块儿进行监测，你可以挑选一个地方，每年夏季去那儿清点蝴蝶的数量，重复几次即可。可以是花园的角落、草坪或是林间的一片空地上，然后你就可以站在那儿，花 15 分钟观察你所看见的品种。

你可以慢悠悠地在地上溜达一圈。当你看见蝴蝶从你身边掠过，就做个记录。这既不复杂，也没多难，相反还特别有趣呢！

有关蝴蝶的参考书目

Bergengren, Göran.

Bergengren, Göran, Björk, Ingvar.

Dal, Björn.

Eliasson, Claes U., Ryrholm, Nils, Gärdenfors, Ulf, Holmer, Martin, Jilg, Karl.

Elmquist, Håkan, Liljeberg, Göran.

Isaksson, Isak, Bengtsson, Per, Lewander, Maria.

Langer, Torben W.

Ohlsson, Anders, Wedelin, Magnus.

Söderström, Bo.

Westerberg, Ulf.

Wickman, Per-Olof.

名词解释

种（物种）： 交配且能孕育有繁殖能力的后代的蝴蝶属于同一个种。

花蜜： 大多数花卉蕴含的一种甜味汁水，也是许多昆虫赖以生存的食物。花蜜引来小熊蜂和蜜蜂。

花粉： 散落在花朵雄性部分的小粉粒，也叫雄芯花蕊。对其他许多昆虫来说，花粉是重要的食物，但蝴蝶只能饮用流质食物。

雌蕊： 花卉中的雌性部分。在雌蕊的最上方有一个叫作柱头的部分，如果想让花朵授粉，这儿就是花粉粒的归属地。

授粉： 当花朵的花粉粒最终去到同种的另一支花朵的雌蕊柱头上时，我们将此过程称为花朵授粉。这朵花现在已经完成了受精过程，可以长出种子。

寄主植物： 蝴蝶幼虫赖以生存的植物。

蛹： 蝴蝶发育过程中的最后一个阶段。幼虫在蛹里"蜕变"为蝴蝶。

越冬： 蝴蝶有不同的方式度过冬天。一些蝴蝶以成虫形态越冬，并进入休眠（参考词条"休眠"）。另外一些品种的蝴蝶以卵、幼虫和蛹的形态越冬。

休眠、冬眠： 一部分成虫蝴蝶会待在庇护的地方，并通过保持低温来越冬，直到春天来临才开始进食和苏醒。就连刺猬、青蛙、蛇等动物在冬季时也会进入休眠状态（参考词条"越冬"）。

属： 一个或多个具有相同属名的相似物种归合为属。

树液： 树木中蕴含的甜味液体被称为树液。

科： 属于一个或多个属的一群蝴蝶为同一科。

命名日： 瑞典语的人名都有各自的"命名日"，每个人会根据名字过相应的"命名日节"。

代： 当蝴蝶的蛹羽化后便会诞生新一代成虫蝴蝶。

茧： 幼虫用细丝线纺出的"网袋"。在茧内，幼虫可以受到保护，不受天气和风力影响。

亚种： 属于同种的蝴蝶，但因为具有不同的外观，通常形成它自己的亚种。

后代： 两只成虫蝴蝶交配后孵化的新蝴蝶。

后 记

这本书源于艾玛·廷奈特几年前寄给我的一封信。在信封里有几幅她自己手绘的蝴蝶画，十分精美。艾玛挺好奇我是否有兴趣同她合作，一起干点什么。

对我而言，蝴蝶本身就是一个新课题。我认得出最常见的几种。收到那封信之后，我发现自己对了解其他蝴蝶也有很大的兴趣。近几年夏天，我用自制的捕蝶网在自己家房子附近抓了一些蝴蝶。我蜷着身子趴在草地的花丛中，给绿豹蛱蝶和蓝蝴蝶的翅膀腹面拍了些照片。

我感觉一个崭新的世界仿佛在我面前渐渐打开。我甚至觉得自己的这番体验同艾玛和我内心对这个合作项目的期待也非常契合。我们想做的，是一本面向所有热爱大自然的读者的书，给那些愿意花心思了解的人，介绍这世界上最令人惊艳的生物。

当我写下这几行字的时候，也就意味着我们的书基本上大功告成了。现在我就要将书稿寄给拉脱维亚的印刷商了。艾玛和她的丈夫正巧刚有了一个女儿，而第一只钩粉蝶正在我工作室的窗外飞舞呢。现在，是时候关上电脑，重新拿起我的捕蝶网了……

斯特凡·卡斯塔

蝴蝶们的索引（根据拼音排序）

黄缘蛱蝶

孔雀蛱蝶

白钩蛱蝶

伊眼灰蝶

橙尖襟粉蝶

钩粉蝶

红灰蝶

荨麻蛱蝶

小斑草眼蝶

金凤蝶

山楂绢粉蝶

小红蛱蝶

阿波罗绢蝶

绿豹蛱蝶

优红蛱蝶

暗脉菜粉蝶

此处的图片均按真实大小绘制